Magdalena M. Holztrattner
Einfach gut führen

Magdalena M. Holztrattner

EINFACH
gut FÜHREN
Ein kompakter Leitfaden

Tyrolia-Verlag · Innsbruck-Wien

INHALT

EINLEITUNG

Einfach gut führen. Das klingt so leicht. Ja, das soll es auch sein: Ihr Alltag als Führungskraft soll leichter werden.

Ich will Sie mit diesem kompakten Leitfaden unterstützen, Ihre Rolle als Führungskraft mit mehr Leichtigkeit zu füllen und Ihren Beschäftigten eine gute Vorgesetzte zu sein. Das geht natürlich nicht von heute auf morgen. Und das geht nicht ohne Rückschritte, Irrtümer und Fehler. Schließlich sind Sie ein Mensch. Und Ihre Mitarbeiter*innen sind es auch. Als Menschen stehen Sie mit Ihren Bedürfnissen im Zentrum dieses Buches.

Sie sollen *keine* perfekte Führungskraft werden – perfekte Menschen sind nämlich unmenschlich. Den Perfektionsanspruch zu relativieren und abzulegen hilft, um nicht dem Druck der Selbstoptimierung zu erliegen. Diesen Stress wollen wir uns hier sparen.

Mein Anliegen mit diesem Buch ist, mit Ihnen mittels konkreter Anleitungen, tiefergehender Überlegungen und regelmäßiger Reflexionsfragen eine Reise zu unternehmen, in der Sie als Mensch in Ihrer Rolle als Führungskraft im Mittelpunkt stehen. Ich werde nicht alle Ihre Fragen beantworten können. Aber gemeinsam können wir versuchen, mit Schwierigkeiten und Dilemmata gelassener umzugehen.

Dieses Buch will Scheinwerfer auf einige Dimensionen im Führungsalltag richten – ohne Anspruch auf Vollständigkeit und ohne einen fixen Arbeitsplan, der von vorne bis hinten abgearbeitet werden muss. Fühlen Sie sich also frei, mal hier querzulesen und mal dort länger zu verweilen.

Weil dieses Buch nur ein Anfang sein kann, empfehle ich Ihnen, sich bei Gleichgesinnten oder bei externem Coaching weitere Hilfen zu holen – um einfach gut zu führen.

FÜHRUNG IST FÜR MICH ...

Führung verstehe ich in diesem Buch als das Gestalten von Beziehungen und Rahmenbedingungen, damit die Ziele einer Organisation erreicht werden können.

Mir selbst ist Führung biographisch in unterschiedlichen Dimensionen vertraut geworden:

○ einerseits als *Mitarbeiterin*, die von Vorgesetzten (durchgängig Männer) geführt worden ist,

○ andererseits selbst als *Vorgesetzte*, die sowohl Mitarbeiter*innen einer Abteilung bzw. später auch einer selbständigen Organisation geleitet hat,

○ dann in der akademischen Ausbildung als *Coach und Prozessbegleiterin* – als diese bin ich seit ca. zehn Jahren auch tätig –,

○ außerdem als *Trainerin* für Führungskräfte in unterschiedlichen Seminaren und Lehrgängen.

Mir ist daher Führung aus unterschiedlichen Blickwinkeln bekannt. Ich kenne sowohl glorreiche Momente, in denen ich gemeinsam mit meiner Kollegenschaft große Erfolge gefeiert habe. Ich kenne aber auch Zeiten des Scheiterns. Ich weiß, wie es sich anfühlt, Mitarbeiter*innen mit unbedachten Aussagen irritiert und mit begründeten Entscheidungen verletzt zu haben. Als Führungskraft bin ich immer wieder beschenkt worden von der Gewissheit, dass ich auch in Momenten großer Zweifel getragen bin – von Menschen, die mir zur Seite stehen, von anderen, die mir meine Fehler verzeihen, von meinem immer wiederkehrenden Humor, und von einer größeren Macht, die ich als göttliches DU umschreibe.

SPIRITUELLE VERORTUNG

Führung geschieht nicht im luftleeren und kulturfreien Raum, und auch dieses Buch ist nicht von irgendwem irgendwann, sondern von mir als konkreter Person im Österreich des Jahres 2021 geschrieben worden. Im Sinne der Transparenz ist es mir wichtig offenzulegen, dass sich meine Wurzeln als Führungskraft, Coach und Autorin aus christlich-humanistischem Grundwasser nähren. Das heißt vor allem, dass in meinem Führungsverständnis zwar die dynamische Balance zwischen wirtschaftlichem Erfolg und der Führung von Menschen gehalten werden muss, letztlich aber alles wirtschaftliche und organisationale Handeln den Menschen als Ziel haben sollte: Der Mensch steht im Zentrum von Führung.

Als spiritueller Hintergrund spiegeln sich zudem geistliche (Führungs-)Traditionen der Jesuiten, der Franziskaner*innen und der Benediktiner*innen in diesen Buch wieder. Sie alle verfolgen als Ziel „ein Mehr an Leben" – im Bewusstsein um die Verbundenheit aller mit allem, die Verbundenheit der Menschen mit einem größeren Ganzen, dem sie verpflichtet sind, dem gegenüber sich christlich inspirierte Führungskräfte verantworten sollten.

Durch dieses Vertrauen auf die Verbundenheit mit allem, was lebt, übersteige ich mein eigenes kleines ICH und übe, das narzisstische Kreisen um mich selbst immer wieder zu unterbrechen.

Als Führungskraft versuche ich, mit Blick auf das größere Ganze zu führen: das gute soziale Zusammenleben in der Organisation als Wirkfeld in die Gesellschaft hinein, ein nachhaltiger Umgang mit Ressourcen mit Blick auf die Mitwelt als Schöpfung. Führung ist – um es mit Anselm Grün zu formulieren – „in dem Maße spirituell, wie sie Leben weckt" – in den Mitarbeiter*innen genauso wie in der Führungskraft.

Mein persönlich-spiritueller Hintergrund lässt sich zusammenfassen in der Haltung, „aufrecht und liebend zu leben" – und zu führen.

Das bezieht sich auf die Organisation, deren Ziele mit Blick auf Gerechtigkeit vor allem den Schwächeren und Bedürftigeren gegenüber verfolgt werden, auf eine Organisationskultur, in der Ehrlichkeit und Transparenz, Beteiligung und Engagement relevant sind. Und das Wissen, dass das letzte Ziel der Organisation immer die Menschen sein sollen. Die Menschen, die – auch im Konfliktfall – würdevoll behandelt, in ihrer Einzigartigkeit geschätzt und ihren Kompetenzen entsprechend eingesetzt werden sollten. Menschen, die im Letzten nie Mittel, sondern immer Ziel wirtschaftlichen und organisationalen Handelns sein sollten. Menschen, für die ich als Führungskraft Verantwortung trage und die Aufgabe, sie durch mein Tun und meine Art des Seins aufzurichten, zu stärken – dass sie auch zuhause und in der Gesellschaft leuchten und groß sein können. Damit auch durch sie „mehr Leben" wird.

ALS FRAU IN FÜHRUNGSPOSITION!

Nachdem ich als Frau ein Buch für – weibliche und männliche – Führungskräfte schreibe, darf sich die Aufmerksamkeit nicht von Frauenleben in Führungspositionen abwenden.

Dass Frauen Führungspositionen bekleiden, ist inzwischen keine Seltenheit mehr. Selbstbewusst und mutig lernen sie, auf der Klaviatur der Führung alle Stücke zu spielen. Sie stehen ihren Mann und sind selbstverständlich Frau. Sie vereinen Beruf und Familie und können – wenn ihr bzw. ihre Lebenspartner*in mitspielt – dabei auch Karriere machen. Denn was lange für Männer gegolten hat, gilt auch für Frauen: Hinter jeder erfolgreichen Führungskraft steht ein starker Lebenspartner, eine starke Lebenspartnerin – der oder die den Haushalt und Familienfeiern, Kinder und Beziehungsleben, Zahlungen und Reparaturen im Blick behält und organisiert.

Trotzdem sind gerade Frauen weiterhin noch von Vorurteilen und auch von Selbsturteilen geplagt. Sind Frauen anders als Männer, wenn sie eine Führungsposition bekleiden? Die fremden und eigenen Erwartungen sind teilweise hoch, teilweise unrealistisch. Hier gilt es (wie auch weiter unten bei der Rollenklärung ausgeführt), diese Erwartungen bewusst zu machen und den eigenen Möglichkeiten und organisationalen Rahmenbedingungen entsprechend zu prüfen.

Und, liebe Führungsfrauen: Trauen Sie sich mehr zu, als Sie es meistens tun! Niemand muss perfekt sein – auch Sie als Führungskräfte nicht! Wie alle, die die Position der Vorgesetzten bekleiden, dürfen auch Sie lernen, Fehler zu machen und an gestellten Aufgaben zu wachsen.

Doch gibt es weiterhin knallharte Bedingungen, die Frauen das Leben als Führungskraft schwerer machen als Männern:

❖ Weiterhin sind es hauptsächlich Frauen, die sich um die Pflege-, Erziehungs- und Hausarbeit kümmern. Unterstützt sie der bzw. die Partner*in dabei nicht, ist eine Karriere entweder unter höchsten persönlichen Anstrengungen oder gar nicht möglich.

❖ Frauen führen vielfach nach wie vor unter anderen Bedingungen als Männer. Auch wenn v. a. bei jüngeren Männern ein Umdenken stattfindet, hört man immer noch selten von männlichen Führungskräften, dass sie z. B. nach dem letzten Meeting noch schnell einkaufen gehen müssen, um dann zu Hause zu kochen und später noch die Wäsche zu waschen.

❖ Auf der gesellschaftlichen Ebene gibt es – in Österreich mit Ausnahme der Stadt Wien – immer noch zu wenige Kinderbetreuungsplätze (bzw. pädagogisch ausgebildetes Personal), um Chefinnen, die Mütter sind (und vielleicht in keiner Partnerschaft leben, in der Kindersorgearbeit gerecht aufgeteilt ist), bei der Betreuung der Kinder zu unterstützen.

❖ Weiterhin sind Frauen – auch in Führungsebenen – zu oft schlechter bezahlt als Männer. Der sogenannte Gender-Pay-Gap zeigt auch, dass Männer öfter bessere Gehälter verhandeln als Frauen und die besten (Führungs-)Plätze in der Gehaltstabelle schlicht kaum von Frauen besetzt werden.

❖ Wissenschaftlich erwiesen ist inzwischen, dass sich auch Geschlechter- bzw. Gender-Diversität in Führungsetagen positiv auf den Erfolg einer Organisation auswirkt. Frauen zu Chefinnen zu machen ist also ein wesentlicher Erfolgsfaktor. Dass diese wirtschaftliche Dimension immer noch zu wenig ernst genommen wird, stimmt nachdenklich.

❖ Fakt ist allerdings weiterhin, dass die sogenannte „Gläserne Decke" zwischen mittleren und oberen Führungsebenen existiert – und dass in den oberen Führungsebenen überdurchschnittlich viele Männer beschäftigt sind. Es ist daher wichtig, dass Männer aufhören, hauptsächlich Männer zu fördern und – im beschriebenen Sinn der Diversität – bewusst fähige Frauen in Chefinnensessel der oberen und obersten Ebene befördern.

❖ Quoten sind zwar kaum gerne gesehen – erfüllen aber ihren Zweck: Führungspositionen werden diverser besetzt.

❖ Frauen sind – das ist traurige Realität, von der auch viele Führungskräfte ein Lied singen können – weiterhin Projektionsfläche (meist männlicher) Vorurteile. „Bringen Sie uns bitte den Kaffee" ist eine Aufforderung, die Frauen auch heute noch hören, wenn sie in ein Führungsmeeting gehen.

Einfach gut führen sollen Menschen aller Geschlechter, die eine Führungsposition bekleiden. Der Blick auf die besondere Situation von Frauen – und dabei von Frauen, die neben der Führungsverantwortung auch Verantwortung für Kinder oder Pflegebedürftige tragen – zeigt sich in meinem Text in der Weise, dass ich neben der geschlechtersensiblen Ausdrucksweise oftmals bewusst nur die weibliche Form verwende und daher von „der Vorgesetzten", der „Chefin" schreibe.

MERKSÄTZE UND REFLEXIONSFRAGEN

Am Ende jedes Kapitels finden Sie Merksätze, die wesentliche Inhalte des vorher Geschriebenen nochmals für Sie zusammenfassen. Davor finden Sie Reflexionsfragen. Diese sollen Ihnen helfen, einen Blick aus der Meta-Perspektive auf Ihren Alltag als Führungskraft zu werfen. Quasi, wie wenn Sie auf einen Sessel steigen und die ganze Szene von oben betrachten würden.

Diese Fragen können Sie mit sich allein durchgehen – z. B. in der wöchentlichen „Sauber-mach-Stunde". Sie können sich dafür aber auch eine Gruppe anderer, systemfremder Führungskräfte suchen, um die Fragen und Ihre Antworten darauf gemeinsam zu erörtern. Oder Sie gönnen sich Coaching mit einer Fachperson, die mit Ihnen ausgehend von den hier festgehaltenen Reflexionsfragen noch weitere Fragen mit Blick auf Ihre Tätigkeit als Führungskraft bearbeiten kann.

In Summe geht es um den Prozess, den Sie mit sich selbst durchlaufen. Es geht dabei nicht darum, es perfekt zu machen, sondern Haltungen zu überprüfen und Veränderungen einzutrainieren. Wir alle sind Lernende – egal in welcher Position und in welcher Organisation wir unsere Fähigkeiten einsetzen.

Einfach gut führen. Das klingt so leicht. Und ja, das soll es sein: Der Alltag von Ihnen als Führungskraft soll leichter werden.

1. Kapitel

SICH SELBST FÜHREN

SELBSTFÜHRUNG

Menschen führen heißt auch sich selbst führen.

Eine Führungskraft hat die Verantwortung, im Rahmen ihres Handlungsbereiches Beziehungen und Rahmenbedingungen so zu gestalten, dass die Ziele einer Organisation erreicht werden können. Aufgabe einer Führungskraft ist es daher, Menschen – Mitarbeitende – zu führen, die Organisation – auf ihre Zielerreichung hin – zu führen. Der Mensch soll immer im Zentrum von Führungsarbeit stehen. Der Mensch zuerst als Mitarbeiter*in, aber auch der Mensch als Stakeholder, Kunde, Zulieferin, der Mensch in der Öffentlichkeit, in den Familien, Freundeskreisen und gewerkschaftlichen Vertretungen der Mitarbeiter*innen.

Und, sehr wesentlich und oft übersehen: Im Zentrum von Führungsarbeit steht auch die Führungskraft selbst. Es ist zuallererst und immer auch Aufgabe einer Führungskraft, sich selbst zu führen.

Wer sich selbst nicht führen kann – konkret: wer bei sich selbst keine Grenzen setzen, Prioritäten definieren, mit der eigenen Zeit geplant umgehen und sich selbst Ziele setzen und diese auch erreichen kann –, dem ist es wahrscheinlich kaum möglich, ähnliche Dimensionen von Führung bei und mit anderen zu definieren, einzufordern und zu begleiten.

Selbstführung ist darauf gerichtet, das eigene Verhalten als Führungskraft bewusst wahrzunehmen und zu verstehen. Die leitende Frage dabei ist: *Wie* wird die eigene Arbeit gestaltet, wie wird Führung gelebt? Wie werden Rahmenbedingungen des eigenen Arbeitens organisiert?

Reflexion ist das leitende Instrument von Selbstführung. Wesentlich dabei ist, innezuhalten, stehen zu bleiben, den Alltag zu unterbrechen und das Geschehen aus einer anderen Perspektive anzusehen.

Sich selbst zu führen ist für jeden erwachsenen Menschen relevant. Für eine Führungskraft aber besonders, da Führung eine Aufgabe ist, die wesentlich durch das Verhalten der Person geschieht. Führungskräfte, die sich gut selbst führen, weichen der Verantwortung nicht aus, in die sie gestellt sind. Durch die in ihrer Position liegende Macht können sie gestalten oder zerstören, ermöglichen oder verhindern. Auch wenn Führung bedeutet, oft zwischen allen Stühlen zu sitzen, ist es die Aufgabe einer Führungskraft, die Balance zu halten – bzw. immer wieder zu suchen. Selbstführung ist daher notwendig, damit überprüft werden kann, ob die Balance zwischen den verschiedenen Ansprüchen gehalten werden kann.

Die Balance halten gilt für alle Lebensbereiche einer Führungskraft. Wer sein Lebensglück nur an Beruf und Karriere hängt, wird tief fallen, wenn dieses Seil gekappt wird: durch Krankheit, Kündigung, Insolvenz des Betriebes, Umsiedlung des Standortes ins Ausland etc. Wer seine Identität, seinen Lebensinhalt nur oder fast ausschließlich an die Erwerbsarbeit und an die Position darin hängt, der wird vor einer plötzlichen Leere stehen, wenn dieser Inhalt wegfällt. Kluge Menschen und auch kluge Führungskräfte sind immer bemüht, mehrere Seile zu benutzen, an denen sie ihr Lebensglück befestigen: Familie, Kinder (wenn es auch nicht unbedingt die eigenen sein müssen, die glücklich machen), Freundinnen und Freunde, Ehrenamt, Hobbys, Bewegung und Sport in der Natur, Spiritualität und Beheimatung im Glauben, Musik, Tanz, Kunst, Kultur. Fällt der Halt durch die Erwerbsarbeit aus, gibt es mehrere weitere Seile, die Halt geben können. So kann eine Führungskraft auch in angespannten Situationen innerlich gelassen und dankbar sein, weil sie weiß, dass diese Aufgabe nur *ein* Seil unter mehreren ist, das sie trägt.

Eine Führungskraft, die sich klug selbst führt, holt sich immer wieder Hilfe von Kolleginnen (Kollegiale Intervision) oder externen Beratern (Supervision/Coaching), um die eigenen blinden Flecken zu erkennen und das eigene Verhalten zu verbessern. Schließlich ist das eigene Verhalten, die eigene Persönlichkeit das zentrale Führungsinstrument.

Reflexionsfragen zur Selbst-Führung

○ *Welche drei Dinge bereiten mir im Führungsalltag Freude?*
○ *Was sind für mich als Führungskraft Herausforderungen?*
○ *Was hat in einer besonders herausfordernden Führungssituation dazu geführt, dass ich sie zufriedenstellend gemeistert habe? Woran haben sich dabei meine Fähigkeiten gezeigt?*
○ *Welche besonderen Fähigkeiten, Kompetenzen und Expertisen bringe ich für meine Aufgabe als Führungskraft mit?*
○ *Wofür bin ich dankbar?*
○ *Wo erhalte ich Unterstützung und Hilfe für mich als Führungskraft?*
○ *Was sind meine vitalsten Energiequellen?*

Mögliche Merksätze

☞ Menschen führen heißt auch sich selbst führen.
☞ Was zählt, ist nicht nur, was und wie eine Führungskraft tut, sondern vor allem ihre innere Verfasstheit.
☞ Die wichtigste Aufgabe einer Führungskraft ist es, sich um die eigenen Energien zu kümmern. Und erst dann Sorge zu tragen um die Energien der Mitarbeiter*innen.
☞ Reflexion ist das wesentliche Instrument der Selbstführung.

1. Eine gute Vorgesetzte sein

Rolle und Position einer Führungskraft

„Meine Chefin ist eine coole Frau," meinte die Assistentin der Direktorin am Montagmorgen. „Mit ihr kann ich sehr gut private Dinge besprechen und wir lachen auch gerne gemeinsam – vor allem frühmorgens, wenn sonst noch niemand im Büro ist. Manchmal bringt sie mir auch den Kaffee. Dabei ist klar: Jetzt begegnen wir uns nicht in den Rollen von Direktorin und Assistentin, jetzt haben wir diese ‚Hüte' zur Seite gelegt und begegnen uns von Frau zu Frau.

Und trotzdem wissen wir: Im Büro sind wir immer auch in unseren Rollen, die können wir nie ganz ablegen. Letztlich ist sie meine Chefin und beauftragt mich mit Dingen, auch wenn ich keine Lust dazu habe. Und im Ernstfall muss sie etwas auch gegen meine Meinung entscheiden. Da hat sie das letzte Wort. Und die Verantwortung. Das liegt in ihrer Rolle als Direktorin und in meiner Rolle als Assistentin.

Aber gestern habe ich zu meiner Freundin gesagt: ‚Wenn diese Frau mal nicht mehr meine Chefin ist, dann können wir Freundinnen werden!'", schloss die Assistentin und ihre Augen leuchteten.

Führungskräfte sind Menschen, die eine Position besetzen und diese mit ihrer jeweils persönlichen Art füllen – so nehmen sie ihre Rolle ein. Darin ist es ihre Verantwortung, sowohl das Beziehungsgeschehen mit und zwischen dem Personal zu gestalten wie auch organisationale Rahmenbedingungen, Strukturen, Kommunikationsflüsse und Regeln so auszurichten, dass die Ziele der Organisation erreicht werden.

FÜHRUNG FRÜHER UND HEUTE

Führung ist, wie alle gesellschaftlichen Prozesse, ein Produkt der jeweiligen Zeit. Führungskräfte sind, wie alle Menschen, Kinder ihrer Zeit. Aufgrund ihrer Sozialisierung und Bildung werden sie von gewissen Bildern, Denkmustern und Paradigmen geleitet. So wie es vor nicht viel mehr als 100 Jahren in allen mitteleuropäischen Gesellschaften undenkbar war, Frauen Zugang zu den Wahlurnen zu ermöglichen oder gar ins Parlament zu wählen, ist das heute überall Normalität und im Denken des Großteils der Bevölkerung selbstverständlich. Das gesellschaftliche Bild hat sich geändert – und das wirkt sich auch auf Führungskräfte aus. Frauen in Führungspositionen sind heute zwar in den oberen Rängen mancher gewinnorientierter Betriebe nach wie vor nicht gleich stark vertreten wie Männer, in anderen, vor allem sozialen und dienstleistungsorientierten Unternehmen sind Frauen hingegen überdurchschnittlich präsent. Die Frage der Gerechtigkeit entlang der Linie Geschlecht bezüglich Beteiligung an Entscheidungsprozessen, Zugang zu Macht und Einfluss oder auch der geschlechtsbezogenen Bezahlung (Gender-Pay-Gap) kann hier nicht diskutiert werden. Die Richtung ist eingeschlagen, dass die Position der Leitung sowohl von einem Mann als auch einer Frau besetzt werden kann. Denn die Gesellschaft hat sich verändert – und mit ihr Bilder von Führungskräften.

Bilder von Führung sind immer auch eng verbunden mit Bildern der Organisation, in denen Führung gelebt wird. Organisationen wurden früher eher wie Maschinen gesehen, in denen Mitarbeiter*innen wie Führungskräfte wie Rädchen eingebunden sind und zu funktionieren haben. Führung wurde meist streng linear und autoritär gesehen und gelebt.

Inzwischen spricht man von Organisationen als lernende Organismen, in denen die Belegschaft eher wie eine Gemeinschaft gesehen und Führung dezentral gedacht wird. Vertrauen, Sinn und Menschenführung spielen im Führungsalltag eine größere Rolle als früher. Führung selbst ist zudem ein Spiegel gesellschaftlicher und organisationaler Veränderungen. Führung findet nicht mehr nur an einer Position statt, sondern zunehmend dezentral, verteilt auf unterschiedliche Rollen wie z. B. Projekt- oder Gruppenleiter*innen, die – klar begrenzt auf Aufgabengebiete und Zeiträume – Entscheidungen treffen und verantworten können. Dieses Führungsverständnis verlässt das Bild des alten, allmächtigen Managers, der sein Verhalten mehr auf Machtdemonstration und Status auslegt. Vorgesetzte mit einem jüngeren Führungsverständnis wirken realitätsnah und kritikfähig, zielorientiert und kooperativ. Kurz gesagt: Moderne Führungskräfte agieren weniger „heroisch" – wie Kaiser oder Despotinnen – sondern eher „postheroisch" – wie „normale Menschen".

Es ist heute kaum mehr möglich, das Phänomen „Führung" allein durch die individuelle Psychologie der Führungskraft zu erklären. „Postheroische" Strukturen haben inzwischen in vielen Organisationen oder Abteilungen Einzug gehalten. Im Zentrum stehen dabei Ideen von Selbstorganisation, Wechselwirkungen, Kooperation und Komplexität – gespeist aus Sozial- oder Neurowissenschaften, Komplexitätsforschung und Psychologie.

DIE ROLLE DER FÜHRUNGSKRAFT

Eine Führungskraft hat ihre Rolle aus beruflichen Gründen inne. Sobald sie eine Position übernimmt, füllt sie ihre Rolle. Eine Rolle beschreibt – wie in einem Theaterstück – das Verhalten, das in einer gewissen sozialen Situation erwartet wird. Sie ist daher nicht selbst ausgedacht, sondern wird einer Person von den Mitagierenden zugewiesen. So erwartet z. B. ein Patient, der ein Krankenhaus besucht, ein je unterschiedliches Verhalten und unterschiedliche Qualitäten der Auskunft von einer Stationsschwester, einem Reinigungsmann, einem Sanitäter oder einer Oberärztin.

Wie eine Führungskraft nun ihre Rolle erfüllt, hängt nicht nur mit ihrer Position, also der Beschreibung ihres formalen Platzes (Stellenbeschreibung) zusammen, sondern wesentlich damit, wie sie sich selbst in ihrer Rolle versteht. Und wie sie sich selbst führt.

Ist das aber nicht nur wieder so ein *Psycho-Ding*? Geschieht Führung nicht hauptsächlich über Machtausübung und Führungsinstrumente?

LERNEN AN VORBILDERN

„Wenn ich an meine Lehrerin denke, bin ich heute noch beeindruckt. Sie hat immer ein offenes Ohr für unsere Anliegen gehabt. Und war trotzdem streng und gerecht. Sie war zwar keine Chefin in einer Firma, aber die Art, wie sie uns in der Klasse geführt hat, macht sie für mich zum Vorbild als Führungskraft", antwortet eine Seminarteilnehmerin auf die Frage, wer für sie ein Vorbild als Führungskraft ist.

Vorbilder verkörpern in ihrem Tun, Reden und ihrer Persönlichkeit Werte und Haltungen, die als erstrebenswert interpretiert werden. Wer sich selbst führen will, wer lernen und sich entwickeln will, orientiert sich dabei meistens an Vorbildern, die der eigenen Person, dem Team, der Organisation oder auch einer Gesellschaft gutgetan haben.

Ob jemand Vorbild ist oder nicht, hängt von den eigenen Werten und Haltungen ab und davon, ob die eigenen mit den Werten des Vorbildes übereinstimmen. Wer gerne strukturierter arbeiten möchte, sucht sich wahrscheinlich ein Vorbild, das geplant und mit klaren Prioritäten vorgeht. Wer sich schwertut, sachliche Rückmeldungen zu geben, hat wahrscheinlich ein Vorbild, das in kritischen Gesprächen die eigenen Gefühle gut im Griff hat. Wer den Wert des Vertrauens hochhält, wird wohl ein Vorbild haben, das Geheimnisse wahren kann.

Werte werden aus reflektierten Erfahrungen gebildet: Was im eigenen Leben – oder im Leben anderer – als hilfreich, wohltuend oder förderlich für das gute Zusammenleben, mehr Gerechtigkeit oder menschenfreundliche Strukturen erlebt worden ist, das kann sich zu eigenen Werten ausbilden. Nach dem Motto: „Ja, so kann es gehen!" Diese Erfahrungen von *Sinn* zu reflektieren, ist ein Weg, zu eigenen Werten zu gelangen.

Der Weg kann aber auch über Ablehnung, negative Beispiele, über *Kontrast*-Erfahrungen führen: „Nein, so soll es nicht gehen, das ist nicht gut!"

Oder man gewinnt *Motivation* aus der Erfahrung, dass die eigene Person wichtig für das Gelingen oder Vorankommen eines Prozesses oder das gute Miteinander und friedliche Zusammenleben ist. Diese Motivations-Erfahrung des „Auf mich kommt es an!" führt in der Reflexion zur Ausbildung von Werten wie z. B. einer beteiligungsorientierten Führungskultur.

ROLLE-POSITION-PERSON

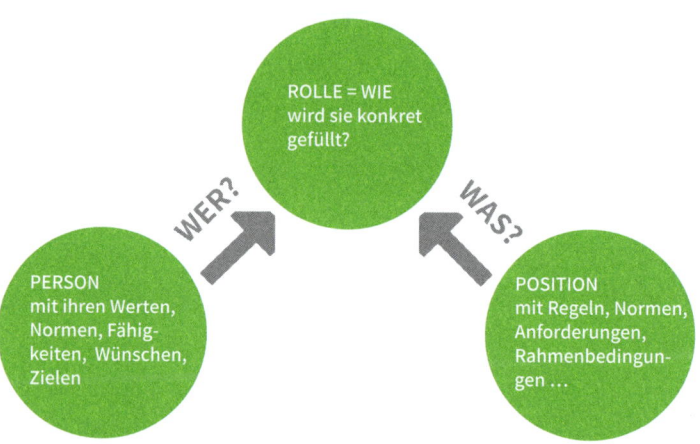

Position

Die Erwartungen an eine Position (WAS ist zu tun?) sind ablesbar an der Stellenbeschreibung oder am Ausschreibungstext. Hier werden Erwartungen mit Blick auf Ergebnisse, Unternehmensziele, Leitlinien, aber auch an Benehmen, Einstellungen, Werten und Beziehungsgestaltung gesetzt. Die Stellenbeschreibung ist eine quasi idealisierte Form dessen, wie eine Person eine Rolle ausfüllen könnte oder sollte.

Person

Die Person, die eine Position besetzt, ist der einzelne Mensch (WER?) mit seinenn individuellen Entwicklungsgeschichten und Lebenserfahrungen, den Eigenheiten, Bedürfnissen, Mustern und Zielen. Familiäre, kulturelle, ethnische, soziale oder religiöse Dimensionen gehören zu ihr. „In eine Rolle zu schlüpfen", bedeutet, den Privatkontext hinter sich zu lassen und in den Arbeitskontext einzusteigen. Nicht alles, was eine Person ausmacht, muss in die Rolle eingebracht werden.

Zugleich werden Verhaltensmöglichkeiten eingeschränkt, die Erwartungen an eine Person auf die Position hin reduziert. Jede Position beeinflusst daher die Person – die Person bestimmt ihrerseits, wie sie ihre Rolle gestaltet.

Der professionelle Umgang mit der Position, die Art, wie eine Rolle durch eine Person gefüllt wird, schafft Sicherheit und Schutz für die Privatsphäre sowie professionelle Distanz gegenüber Kollegenschaft und Vorgesetzten.

Rolle

WIE eine Position konkret gefüllt wird, hängt von der jeweiligen Person ab, die sie besetzt. Eine introvertierte Person wird ihre Rolle anders gestalten als eine extrovertierte. Eine eher an Zahlen und Statistiken orientierte Person anders als eine, die aufgrund ihrer Persönlichkeitsstruktur eher Beziehungsdimensionen und Kundenkontakte im Blick hat. Obwohl für alle die gleiche Aufgabenbeschreibung gilt, ist es aufgrund der Typisierung der Position für eine Führungsaufgabe unmöglich, genau zu definieren, wie die Rolle gelebt werden sollte.

ERWARTUNGEN KLÄREN

Vor rund zehn Jahren übernahm sie eine sehr herausfordernde Führungsposition. Sie hielt sich für fachlich kompetent und menschlich geeignet. Die Entscheidungsverantwortlichen hatten sie in die Position gewählt. Trotzdem war sie vor Übernahme der neuen Aufgabe unruhig. Ob sie den hohen Erwartungen der Mitarbeiter*innen, der Vorgesetzten und der Zielgruppen entsprechen könnte? Noch dazu, wo ihr Vorgänger über viele Jahre sehr verdienstvolle Arbeit geleistet hatte? Waren ihr seine Fußstapfen nicht zu groß?

Als sie ihre Bedenken bei vorbereitenden Exerzitien einem alten Jesuiten erzählte, schmunzelte er und meinte: „Wenn dir die Schuhe deines Vorgängers zu groß sind, dann zieh halt dicke Wollsocken an – bis dir die Schuhe passen!"

An diesen Rat habe sie oft gedacht. Im Wissen, dass es nicht darum ging, die Arbeit ihres Vorgängers auf die gleiche Art weiterzumachen. Sondern darum, die neue Position auf ihre eigene Art und Weise zu leben, mit ihr als Person zu füllen. Um unterschiedliche Erwartungen zu klären und dadurch in ihre Rolle hineinzuwachsen. Und später ihre eigenen Spuren zu hinterlassen.

Mit einer Position sind verschiedene Erwartungen verschiedener Gruppen verbunden. Auch die der eigenen Person spielen eine wichtige Rolle.

Hilfreich für eine neue Führungsperson – aber auch für jene, die schon länger Führungsverantwortung innehaben – ist es, sich die Erwartungen der unterschiedlichen Gruppen immer wieder bewusst zu machen und sie aktiv abzufragen: Was erwarten meine Vorgesetzten von mir? Was meine Mitarbeiter*innen? Was andere Gruppen wie die Kundschaft, Zusteller*innen, Kollegenschaft etc.? Nur was bewusst gemacht ist, kann besprochen, geklärt, eingeordnet oder auch abgelegt und zurückgewiesen werden.

Die unterschiedlichen Erwartungen bewusst zu machen, zuzuordnen und in ihrer Wichtigkeit für die eigene Person zu klären, hilft der neuen Führungskraft, ihre Rolle gut zu füllen und sie sich zu eigen zu machen.

Hilfreich kann es sein, sich eine professionelle externe Begleitung durch einen Coach zu suchen, um bewusst und erfolgreich in die neue Rolle hineinzuwachsen. Dadurch erhält die Führungsperson die Möglichkeit, mit einer fachlich geschulten Person die eigenen

Probleme, Fragen und Unsicherheiten beim Leiten von Menschen zu klären, das eigene Verhalten zu prüfen und auch die manchmal versteckten Gründe zu suchen, die sie zu Verhaltensmustern bewegen, die störend und irritierend sein können. Wichtig dabei ist, dass diese Beratungsperson das Vertrauen der Führungsperson besitzt – zugleich aber nicht die Rolle einer Freundin hat, so dass eine gewisse Distanz bleibt, um die Dinge klar und unbeeinflusst besprechen zu können.

Je nachdem, wie die Führungskraft im Team bzw. der Organisation verankert ist, kann es auch hilfreich sein, jemanden aus dem Team als „Spiegelperson" zu haben, die auf Dinge hinweist, die man selbst nicht sieht. Je weniger diese „Spiegelperson" im System der Organisation verhaftet ist, umso objektiver und unvoreingenommener kann sie kritische Rückmeldungen geben.

VORGESETZTE NACH INNEN UND REPRÄSENTANTIN NACH AUSSEN

Eine Führungskraft ist, wie oben ausgeführt, nicht nur vielen Erwartungen ausgesetzt, die mit ihrer Rolle verknüpft sind. Sie ist auch in der Doppelfunktion als Vorgesetzte von Menschen und Repräsentantin einer Organisation. Sie wirkt nach innen und außen: Mit Blick auf die eigenen Mitarbeiter*innen ist sie als Vorgesetzte gefragt und wird als Vorbild kritisch beobachtet. Mit Blick auf die Umwelt der Organisation – Kunden und Kundinnen, Patienten und Patientinnen, Stakeholder, Gemeinde etc. – ist sie immer auch eine Repräsentantin der Organisation selbst. Das führt dazu, dass sie mit der Organisation identifiziert wird und – in den Augen mancher Leute – für alles Rede und Antwort stehen muss, was diese Organisation bewirkt.

Ist eine Pflegedirektorin eines Spitals z. B. dafür verantwortlich, die Anliegen der Krankenpfleger*innen z. B. gegenüber den Ärzten und Ärztinnen zu vertreten und auch in Konflikten auszuhandeln, so wird sie gegebenenfalls gegenüber der Öffentlichkeit das Verhalten einzelner Mediziner*innen desselben Krankenhauses verteidigen. Eine Führungskraft sitzt zwischen den Stühlen. Sich dessen bewusst zu sein und die damit verbundenen Schwierigkeiten und Herausforderungen zu reflektieren, ist Teil der Selbstführung.

Folgende Fragen können helfen, die Rolle als Führungskraft zu reflektieren:

○ *Decken sich die Erwartungen, die mit der Position verknüpft sind, mit meinen eigenen Werten und Zielen, mit meinem Charakter und meinen Haltungen?*

○ *Sage ich JA zur neuen Position? Sage ich JA zu mir als Mensch mit meinen Stärken und Schwächen, durch die ich meine Rolle so ausfülle, wie ich es bestmöglich kann?*

○ *Was hat mich bewegt, diese Position anzunehmen?*

○ *Welche meiner Werte oder Bedürfnisse sind mit der Übernahme dieser Position verbunden?*

○ *Wie kann ich mit Erwartungen anderer umgehen, die sich nicht mit meinem Verständnis der Rolle decken?*

○ *Welche der – eigenen wie fremden – Erwartungen kann und soll ich erfüllen? Welche will/kann ich nicht erfüllen – und werde andere enttäuschen? Wem gegenüber bin ich wofür verantwortlich, muss Rede und Antwort stehen?*

○ *Bin ich mir bewusst, dass ich nie alle Erwartungen erfüllen kann, dass ich andere frustrieren muss – um nicht in die Überforderung zu schlittern?*

○ *Inwieweit kann ich in meiner Rolle auch für die Gesellschaft, in der die Organisation wirkt, etwas zum Guten bewegen?*

Merksätze

☞ Reflexion ist das leitende Instrument von Selbstführung. Wesentlich dafür ist, den Alltag zu unterbrechen und das Geschehen aus einer anderen Perspektive anzusehen.

☞ Die Rolle ist die Summe der Erwartungen an die Funktion.

☞ Sich die eigenen und fremden Erwartungen bewusst zu machen hilft, die Rolle als Führungskraft bewusst zu gestalten.

2. Die Angst, entscheiden zu müssen

Hinter jedem klaren NEIN steht ein starkes JA

„Es fällt mir immer schwer, wenn ich das vorgebrachte Anliegen eines Mitarbeiters ablehnen muss, auch wenn ich meine Entscheidung gut begründen kann", erzählt ein junger Leiter eines Dienstleistungsunternehmens im Coaching. „Ich werde dann unruhig, manchmal sogar fahrig. So richtig unrund. Und wenn ich genau in mich hineinhorche, dann spüre ich, ja, dann spüre ich Angst: die Angst, dass der andere böse wird, die Angst, ihn zu enttäuschen." Und nach einer kurzen Weile des Nachdenkens fügt er hinzu: „Ich habe dann die Angst, nicht mehr anerkannt und gemocht zu werden von diesem Mitarbeiter."

Eine Entscheidung zu treffen bedeutet, aus zwei oder mehreren Alternativen eine zu wählen, die mit Blick auf das übergeordnete Ziel die beste erscheint.

Führungsarbeit, so kann man zusammenfassen, besteht aus der Summe kleiner und großer Entscheidungen: Entscheidungen, die den Beziehungsraum mit und unter der Belegschaft genauso gestalten wie Entscheidungen über Rahmenbedingungen, Strategien, Strukturen, finanzielle Mittel und technische Ausstattungen, innerhalb derer Mitarbeiter*innen ihren Beitrag leisten können müssen, um die Ziele der Organisation zu erreichen.

Wer führt, muss dafür Sorge tragen, dass Entscheidungen getroffen werden. Ob von der Führungskraft allein, von einem Leitungsteam, von einer Steuerungsgruppe oder von der ganzen Belegschaft ist dabei sekundär. Hauptsache, unklare Situationen werden klar – dadurch, dass etwas entschieden wird.

Falsche Entscheidungen zu treffen kann Menschen und Organisationen großen Schaden zufügen. Genauso schadhaft kann es auch sein, keine Entscheidungen zu fällen.

Falsche Entscheidungen zu treffen ist aber menschlich. Als Führungskraft geht es nicht darum, perfekt zu sein und keine Fehler zu machen. Scheinbar perfekte Menschen wirken unmenschlich. Es geht darum, sich auf den Weg zu machen und – möglicherweise mit der Belegschaft – nächste Schritte zu setzen.

Führungsentscheidungen beginnen dabei mit der eigenen Person – mit der Entscheidung für die übernommene Rolle: Die wohl wichtigste Entscheidung einer Führungskraft ist die, Ja zu sagen zu ihrer Rolle. Und innerhalb ihrer Rolle Ja zu sagen zur Notwendigkeit, Entscheidungen zu treffen.

Oft müssen Entscheidungen getroffen werden, ohne ausreichend Zeit zu haben, Fakten und Argumente abzuwägen, um Ungewissheiten oder Unsicherheiten auszuräumen. Oft sind Entscheidungen zu fällen, in denen es kein „richtig oder falsch", sondern nur das Dilemma, dass jede Entscheidung Schmerzen, Enttäuschungen oder Schaden verursacht. Sehr häufig stellt sich z. B. die Frage, ob wirtschaftliche Argumente oder Fragen der Personalerhaltung stärker gewichtet werden.

Obwohl in Dilemmasituationen selten „die richtige Entscheidung" getroffen werden kann, die alle Betroffenen zufrieden stellt, ist es doch der größere Schaden, als Führungskraft nicht zu entscheiden. Das Gute schlechthin ist selten erreichbar – durchaus aber mehr vom Guten. Im Sinne ignatianischer Spiritualität sollte immer das „Mehr" gesucht werden: ein Mehr an Zufriedenheit, ein Mehr an Teamgeist, ein Mehr an wirtschaftlicher Nachhaltigkeit, ein Mehr an sozioökonomischer Gerechtigkeit etc.

Eine zentrale Aufgabe der Führungskraft ist es, der Belegschaft Ruhe und Klarheit zu vermitteln. Ruhe gewinnt sie aus einer guten Selbstführung und dem Zugang zu den eigenen Kraftquellen; Klarheit gewinnt sie, wenn sie die Ziele der Organisation, des nächsten Projektes, der Entwicklung eines konkreten Mitarbeiters/einer konkreten Mitarbeiterin vor Augen hat – und entsprechend der Ziele Argumente sammelt, abwägt und eine Entscheidung findet.

ENTSCHEIDEN BRINGT KLARHEIT

Wer unentschieden ist, hat den Kopf voller Gedanken, grübelt Tag und Nacht über einer Frage und schleppt eine innere Last mit sich herum.

Etwas entscheiden hängt immer damit zusammen, etwas zu trennen, zu scheiden – das eine vom anderen zu trennen, eine Option zu wählen, eine Strategie zu verändern, eine Produktlinie auslaufen zu lassen oder sich im schlimmsten Fall auch von einer Mitarbeiterin zu trennen.

Wer trennt, wer unterscheidet und dem einen den Vorrang gibt, sagt Ja zu einer Möglichkeit und Nein zu einer entgegengesetzten Möglichkeit.

Wer sich bei einem Hearing für eine Kandidatin als Abteilungsleiterin entscheidet, weil sie die besseren Qualifikationen, mehr Erfahrung und die stärkeren Netzwerke in eine Organisation einbringt, sagt Ja zu ihr. Dieses Ja ist zugleich immer auch ein Nein zu einem anderen Kandidaten, der – bei aller Schwierigkeit der neutralen, objektiven Vergleichbarkeit – weniger qualifiziert wirkt, um die ausgeschriebene Position zur Zufriedenheit aller auszufüllen.

Wer eine Entscheidung trifft, macht sich angreifbar.

ZIEL IST NICHT, BEI ALLEN BELIEBT ZU SEIN

Alle Menschen sehnen sich danach, gesehen, anerkannt und letztlich geliebt zu werden. Auch in einer Organisation geht es bei der Führung von Menschen darum, die Mitarbeiter*innen mit ihren Fähigkeiten und Erfolgen zu sehen und diese anzuerkennen. Bleibt das längere Zeit aus, werden Mitarbeiter*innen unruhig und unzufrieden. Sie fühlen sich nicht gesehen.

Auch Vorgesetzte sind Menschen und sehnen sich danach, geliebt zu werden. Sie möchten, dass ihr Bemühen und ihre Anstrengungen auch von der Belegschaft gesehen und wertgeschätzt werden. Ziel von Führungsarbeit darf es jedoch nicht sein, bei allen beliebt zu sein. Das würde die Vorgesetzte abhängig machen von der Gunst der anderen – und verunmöglichen, sachlich begründete Entscheidungen zu fällen, deren Konsequenzen einzelne Mitarbeiter*innen auch schmerzhaft treffen können.

Die Gefahr, es allen recht machen zu wollen, besteht dann darin, dass letztlich gar keine Entscheidungen getroffen bzw. getroffene Entscheidungen nicht umgesetzt werden. Um nur ja niemanden zu verletzen oder zu kränken.

Um Entscheidungen treffen zu können, ist daher eine gewisse, der Rolle geschuldete Distanz wichtig, die mit der Rolle als Vorgesetzte zusammenhängt. Das Ziel einer Führungskraft ist es, Entscheidungen zu treffen, um das Erreichen von Zielen der Organisation zu ermöglichen. Diese Distanz mag die Vorgesetzte selbst als schmerzhaft empfinden, aber als Führungskraft wird sie nie richtig Teil der Gruppe sein. Sie wird sich als am Rand, an der Außengrenze des Teams stehend empfinden. Eine Wirklichkeit des Führungsalltags, auf welche die wenigsten vorbereitet werden.

HINTER JEDEM KLAREN NEIN
STEHT EIN STARKES JA

Nein zu sagen, etwas abzulehnen ist viel schwerer als Ja zu sagen, zu etwas zuzustimmen. Abgesehen von Lebens- und Entwicklungsphasen, wie der Trotzphase oder der Pubertät, in denen das Nein-Sagen wichtig ist, um als Kind bzw. Jugendliche*r Eigenständigkeit zu üben und eine eigene Meinung zu bilden. Neurologisch betrachtet ist der Energieaufwand deutlich größer, wenn ein Mensch – womöglich noch als einziger – gegen eine prominent vorgetragene Idee oder entgegen der Mehrheitsmeinung die eigene Position (begründet) dagegenhalten und zur vorgeschlagenen Idee Nein sagen will. Viel „energiesparender" scheint es, sich der Mehrheitsmeinung anzuschließen, dem Vorschlag von Vorgesetzten zuzustimmen – auch wenn sich beim genaueren Hinschauen zeigt, dass man dann doch nicht vollständig überzeugt ist. Und – im Nachhinein – gerne diese Meinung schlechtmacht oder darüber jammert. Denn es ist ungleich schwieriger, sich eine eigene Meinung zu bilden, diese auch gegen Widerstand argumentierend zu vertreten.

So ist es auch bei Führungskräften. Um wie viel leichter scheint es, Lösungsvorschläge umzusetzen, bei denen die Meinung der Mehrheit im Team bestätigt wird, etwa wenn es um Sozialleistungen geht, die allerdings finanziell nicht möglich sind. Oder sich von einer alkoholkranken Mitarbeiterin nicht zu trennen aus Angst, diese könnte vor das Arbeitsgericht gehen – obwohl sie trotz vieler Versuche für das gesamte Team untragbar geworden ist.

Als Führungskraft ein klares Nein sagen zu können braucht ein begründetes, starkes Ja. Nur dann kann dieses Nein gehalten und argumentativ begründet werden. Ein klares, begründetes Nein, hinter dem ein starkes Ja steht, stärkt letztlich die Beziehungsebene zwischen den Kommunizierenden.

Wer z. B. Nein sagt zum Vorschlag, die Filiale auch sonntags für den Verkauf zu öffnen, der sagt zugleich Ja zum Schutz des arbeitsfreien Sonntags, zum Schutz von Kollegen und Kolleginnen und deren Familienzeit, zum Schutz gesellschaftlicher Rhythmen gegenüber alles überragenden wirtschaftlichen Interessen.

Besonders bei unbequemen Entscheidungen ist es sehr wichtig, das Nein zu begründen. Das mit Argumenten, Erklärungen über den größeren Zusammenhang oder motivierenden Einladungen zu tun, ist einer modernen Führungskraft weitaus entsprechender als die eigenen Argumente mit lauter Stimme, Macht oder gar Drohungen durchzusetzen.

DIE EMOTIONALEN KONSEQUENZEN EINER ENTSCHEIDUNG BERÜCKSICHTIGEN

Entscheidungen sollten prinzipiell so weit als möglich mit jenen gesucht und getroffen werden, die von der jeweiligen Entscheidung betroffen sind (vgl. II. Kapitel, 1. Bessere Entscheidungen werden gemeinsam getroffen). Es ist wichtig, die sachliche Dimension einer Entscheidung klar vorzutragen und zugleich die menschliche Dimension nicht zu vernachlässigen. Gerade bei Entscheidungen mit unangenehmen Konsequenzen drücken sich Verantwortliche zu gerne davor, die emotionalen Reaktionen der Betroffenen auszuhalten. Es ist verständlich, dass sich eine Führungskraft den Anschuldigungen von enttäuschten, verletzten oder wütenden Mitmenschen nicht aussetzen mag. Es gehört jedoch auch zum Führungsalltag, die Beziehung zu ihnen zu halten, ihre emotionalen Reaktionen auszuhalten, auch wenn diese nicht angenehm sind. Um in einer so herausfordernden Führungssituation ruhig und klar zu bleiben, ist es wichtig, die innere Distanz zu halten, Haltung zu wahren und sich im Letzten gehalten zu wissen von anderen Menschen und anderen Dimensionen.

Trotzdem darf – und soll – es auch geschehen, dass eine Führungskraft selbst Emotionen deutlich macht und sich betroffen zeigt angesichts des Schmerzes, den die von ihr getroffene Entscheidung verursacht hat. Hier ist die klare Unterscheidung zwischen Inhalten und Argumenten, die zur Entscheidung geführt haben, und den Menschen, die von der Entscheidung betroffen sind, sehr wichtig: Wenn ich eine Entscheidung nach Prüfung und Abwägung aller Argumente und Konsequenzen getroffen habe, so soll ich bei der Entscheidung bleiben. Auch wenn Menschen dadurch enttäuscht sind. Ich soll als Führungskraft aber auch bei den Menschen bleiben, die durch meine Entscheidung enttäuscht worden sind – gerade weil ich sie als Menschen wahrnehme und schätze.

Diese Situation wirkt wie ein Widerspruch, ist es aber nicht. Hier wird die Sache getrennt von den Menschen gehalten. Hier steht das Nein zur Sache auf dem klaren Ja zu den Menschen. Ein Dilemma, das den Alltag von Führungskräften prägt.

In der franziskanischen Spiritualität ist es – gerade auch in schwierigen Führungssituationen – wichtig, immer den konkreten Menschen zu sehen. Franz von Assisi fordert, auch in schweren Momenten Augenkontakt zu halten und ihr bzw. ihm das Wissen zu geben, dass sie bzw. er wichtig ist – auch wenn das von der gekränkten Person im Moment vielleicht nicht wahrgenommen werden kann. Denn wenn ein Mensch in Not ist, darf er nicht allein gelassen werden. Dann soll alles andere zurücktreten. Auch wenn diese Not in der Entscheidung der Führungskraft begründet ist.

Es ist die innere Freiheit, die es Menschen ermöglicht, eigene Begrenztheiten zu akzeptieren („Ich kann es nicht allen recht machen!"), Kritik entgegenzunehmen („Ich brauche andere, um mich verbessern zu können") und Unsicherheiten auszuhalten („Ich weiß gerade selbst nicht, was die letztlich bessere Entscheidung ist"). Innere Freiheit beruht auf einer liebenden Selbstannahme, die alle

Perfektionsansprüche relativiert. Sie beruht auf dem tiefen Wissen, als Mensch (von Gott) angenommen zu sein. Auf der Sicherheit, zu mir zu stehen und mir selbst die beste Freundin zu sein, gerade weil ich nicht perfekt bin (vgl. III. Kapitel, 3. Führungsarbeit ist wie Hausarbeit).

ICH MUSS NICHT ALLES SELBST TUN – DIE KUNST ZU DELEGIEREN

Wer zu den eigenen Grenzen Ja sagt, muss Nein sagen zur Versuchung, alles selbst machen zu wollen. Delegieren erwächst aus der inneren Freiheit, nicht alles selbst machen zu müssen, weil man sich in etwas Größeres eingebunden weiß und die Kompetenzen der Mitarbeiter*innen kennt.

Eine Führungskraft, die geübt darin ist, gewisse Aufgaben und Erledigungen zu delegieren, gewinnt Zeit für Tätigkeiten, die nur sie machen kann oder darf. Um die geeigneten Aufgaben der geeigneten Person zu übergeben, bedarf es allerdings

a) der Kenntnis darüber, wer welche Aufgabe am besten und effizientesten erledigen können,

b) des Wissens um die unterschiedlichen „Delegationszonen" der eigenen Tätigkeit, also darüber,

 ❖ welche Aufgabe nur die Führungskraft selbst machen kann,

 ❖ bei welcher Aufgabe die Mithilfe anderer möglich ist,

 ❖ welche Aufgabe nach entsprechender Einschulung jemand anderer erledigen kann,

 ❖ was generell von jemandem anderen gemacht werden muss,

c) der Priorisierung der eigenen Aufgaben, um zu erkennen, was zwar dringend, aber nicht wichtig ist – und deshalb delegiert werden kann (Vgl. II. Kapitel, 2. Hast du mal kurz Zeit für mich?).

AUFGABEN, DIE ICH
NICHT MACHEN SOLL/DARF

AUFGABEN, DIE
ICH MACHEN KANN

AUFGABEN, DIE
ICH MACHEN SOLL

KERNAUFGABEN
➜ muss ich machen

➜ Mithilfe möglich

➜ jemand anderer kann es auch
(einschulen und delegieren)

➜ jemand anderer muss es machen

Bei jeder Form von Delegation ist jedoch zu klären: Wer trägt letztlich die Verantwortung? Mit der Delegation einer Aufgabe wird eine Tätigkeit aus dem Aufgabenbereich der Führungskraft übertragen und von einer anderen Person erledigt. Ob und inwieweit damit auch die volle Verantwortung abgegeben werden soll, muss klar besprochen werden. Daher ist es relevant, genau zu prüfen, ob die Person, an die eine Aufgabe delegiert werden soll, auch die dafür nötigen Kompetenzen mitbringt. Im soziokratisch inspirierten Sinn wäre echte Delegation die Übertragung von Aufgabe, Einfluss und Verantwortung.

Eine Führungskraft, die viel delegiert, schafft viele Vorteile:
❖ Die Führungskraft gewinnt Zeit für nicht delegierbare Führungsaufgaben.
❖ Mitarbeiter*innen werden gefördert.

- ❖ Mitarbeiter*innen erfahren ihre eigene Kompetenz stärker und erhöhen so schrittweise ihre Selbstwirksamkeit.
- ❖ Mitarbeiter*innen beurteilen ihre Vorgesetzte positiver.

Folgende Fragen können helfen, um mit mehr Sicherheit Entscheidungen zu treffen:

- ◐ *Was verunsichert, was stärkt mich, wenn es darum geht, eine Entscheidung zu treffen?*
- ◐ *Wie gehe ich damit um, wenn ich andere durch eine Entscheidung enttäusche oder verletze? Was hilft mir, die Sache (Entscheidung) von der Person (Betroffene*r) getrennt zu sehen?*
- ◐ *Weiß ich, welche meiner Führungsaufgaben zu welchem Grad delegierbar sind?*
- ◐ *Kenne ich die Kompetenzen meiner Mitarbeiter*innen, um ihnen eigene Aufgaben übergeben zu können?*
- ◐ *Welche Entscheidungsalternativen habe ich überhaupt? Könnte ich mir weitere Entscheidungsalternativen schaffen?*
- ◐ *Was passiert, wenn ich mich nicht entscheide?*
- ◐ *Was sind meine Entscheidungskriterien? Welche Faktoren spielen für mich eine Rolle?*
- ◐ *Was sagt mein Bauch/meine Intuition zu den Alternativen?*

Merksätze

- ☞ Entscheiden gehört zur Führungskraft wie das Fliegen zum Vogel.
- ☞ Hinter jedem klaren NEIN steht ein starkes JA.
- ☞ Das Ziel von Führungsarbeit ist nicht, bei allen beliebt zu sein.
- ☞ Sei mutig und entscheide!

3. Nicht ausbrennen!

Sich rechtzeitig Hilfe zu holen
ist ein Zeichen von Stärke

„Und dann kann ich nicht mehr schlafen. Die ständige Überforderung in der Firma, der Druck und das Gefühl, dass mir die Arbeit über den Kopf wächst. Dazu die Angst, dass ich meinen Job verliere, wenn ich nicht alles perfekt mache. Das ist echt zu viel für mich. Ich habe immer wieder Herzrasen. Und kann nicht gut schlafen. Dabei unterstützt mich meine Mutter so sehr mit den Kindern. Und mein Mann kocht auch einmal die Woche. Es ist halt zu viel für mich. Vielleicht bin ich einfach nicht die Richtige für diese Verantwortung?"

Die Situation von Überforderung kennen wohl die meisten Führungskräfte. Dem ständigen und immer mehr werdenden Druck standhalten zu können ist eine tägliche, manchmal sogar stündliche Herausforderung. Bilder von immer perfekt agierenden und strahlenden Managern in Maßanzügen sind dabei wenig hilfreich. Ebenso wenig helfen Glaubenssätze über Leistungsträger*innen, die „rosten, wenn sie rasten" oder die glauben machen, dass „jeder selbst seines Glückes Schmied" ist und daher jene als Schwächlinge abgetan werden, die nicht alles selbst schaffen. „Schließlich haben wir uns ja auch alles selbst erarbeitet" ist eine immer wieder gehörte Aussage, die bei genauerem Betrachten schlicht erfunden ist.

Um Hilfe zu bitten, weil die Grenzen der eigenen Leistungsfähigkeit angesichts der überfordernden Aufgaben erreicht sind, ist nach wie vor in der mitteleuropäischen Gesellschaft nicht weit verbreitet. Ebenso wenig die Einsicht, dass wir als Menschen nicht nur voneinander abhängig und miteinander verbunden, sondern immer auf Hilfe, Unterstützung, Begleitung und Mitarbeit angewiesen sind. Denn niemand kann für sich allein leben oder sich alles selbst erarbeiten. Das beginnt bei der Geburt, der Ernährung, der Erziehung und reicht bis hin zum Leben in einer stark arbeitsteiligen Gesellschaft.

FÜHRUNGSKRÄFTE SIND AUCH NUR MENSCHEN

Auch für Führungskräfte gilt, dass sie nicht alles selbst machen können. Und – weil sie Menschen sind – Grenzen haben. Sich bei (dauerhafter) Überforderung oder Überlastung Hilfe zu holen ist daher kein Zeichen von Schwäche, sondern ein Zeichen, dass das eigene Menschsein angenommen und die damit verbundenen Begrenztheiten und Schwächen ernst genommen werden.

Wer seine Grenzen nicht erkennt, wer nicht spürt, dass überlastende Situationen dauerhaft überfordern, wer ständig unter Hochdruck arbeitet, im Stress lebt und so gar nicht mehr „runterkommt", der läuft Gefahr, krank zu werden.

Die Gefahr, innerlich überhitzt zu werden und auszubrennen (Burnout), in eine Erschöpfungsdepression zu fallen oder körperlich krank zu werden, ist groß. Und sie betrifft mehr Führungskräfte, als den meisten bewusst ist.

WENN DER KÖRPER NEIN SAGT – DAUERSTRESS MACHT KRANK

Ganz ohne Stress geht es nicht. Stress ist in gewissen Dosen sogar aktivierend und ermöglicht Geist und Körper die Energie, um schwierige Aufgaben zu bewältigen. „Positiver" Stress (Eustress) ist eine Strategie, die sich im Laufe der Menschheitsgeschichte als überlebensnotwendig bewährt hat: Wenn der Säbelzahntiger angreift, wenn das Kind in den Fluss gefallen ist oder wenn das Haus brennt, ist es gut für das Überleben der Einzelperson wie der Gemeinschaft, wenn sofort alle Kräfte und Energien mobilisiert werden und in höchster Konzentration an einer Lösung gearbeitet wird.

Stress darf aber nicht zum Dauerzustand und so zum „negativen" Stress (Distress) werden. Anfänglich positiver führt zu negativem Stress, sobald man sich überfordert fühlt, weil kein Ende, keine Lösung oder keine wirkliche Erholungszeit in Sicht ist. Dauerhafter, negativer Stress führt zu körperlichen Symptomen wie Bluthochdruck, hohem Blutzucker, unregelmäßigem bzw. flachem Atem, Schlafproblemen, emotionaler Unruhe und kann auch zu Impotenz und Unfruchtbarkeit führen.

Evolutionsbiologisch ist der menschliche Körper nicht auf Stress, sondern auf Entspannung als Normalzustand ausgerichtet: Der Mensch fühlt sich wohl in einer gleichbleibenden, vertrauten Umgebung und Kultur. Das Gefühl von Geborgenheit, Vertrauen und Intimität führt zu Kreativität, Freude, Spiel und Muße. Traumaforschungen zeigen: Nur in diesem Zustand können Körper und Geist stressige und belastende Erfahrungen einordnen und verarbeiten, weil alle Signale zeigen: „Ich bin in Sicherheit. Alles ist gut!"

Leider ist in unseren mitteleuropäischen Gesellschaften weniger Entspannung, sondern vielmehr Stress der „Normalzustand". Zunehmende psychische Erkrankungen wie Burnout, Erschöpfungsdepressionen, Alkoholismus oder Essstörungen machen in diesem Zusammenhang bisherigen „Zivilisationskrankheiten" wie Herz-Kreislauf- und Krebserkrankungen Konkurrenz. Diese Beobachtungen sprechen Bände.

Psychische und körperliche Anzeichen weisen darauf hin, dass eine stressbelastete Erwerbsarbeit, je länger sie dauert, ungesund ist. Der Körper sagt Nein! Gerade für Führungskräfte ist es daher wichtig,

Stress nicht zu verdrängen oder darauf zu warten, dass er von selbst wieder nachlässt. Das bewusste Durchbrechen von Stressspiralen ist wichtig – nicht nur für die Erwerbsarbeit, sondern für das ganze Leben: Hören Sie auf Ihren Körper und sorgen Sie für Ausgleich, Entspannung und Ruhe. Lassen Sie nicht zu, dass Stress immer neuen Stress hervorruft!

GESUND BLEIBEN ALS HOHES GUT

Gesundheit an Leib und Seele ist ein sehr hohes Gut. Es ist klüger – und für die Organisation besser und auch wirtschaftlich nachhaltiger –, vorzusorgen und gesund zu bleiben als spätere Krankheiten zu heilen. Gesundheit ist – gerade in einem christlichen Horizont – nicht das Ziel des Lebens schlechthin, aber ein wesentlicher Bestandteil für gutes Leben.

Als Führungskraft ist es daher wichtig, bei sich und den Beschäftigten dafür zu sorgen, ein gesundes Arbeitsumfeld zu schaffen und zu erhalten.

Trotzdem: Stress gehört zum Arbeitsleben dazu. Stress zu haben – unter Druck und mit hohem Energieaufwand Aufgaben zu erledigen – ist weder schlecht an sich noch lässt es sich immer vermeiden. Das Problem am Stress ist, dass auch Führungskräfte zu oft verabsäumen, genügend Ausgleichszeiten zu schaffen, um die mit Stress verbundenen Spannungen abzubauen und einen erholsamen Ausgleich zu schaffen.

Alltagstaugliche Möglichkeiten um Stress abzubauen und sich und dem Körper eine Erholung zu gewähren:

❖ *Schwindeln Sie Bewegung in Ihr Leben*: kleine Bewegungseinheiten wie Treppensteigen (statt Lift benutzen), zum Kopierer gehen (statt das Gerät gleich neben dem Schreibtisch zu haben), in der Mittagspause spazieren zu gehen (statt sitzen zu bleiben), beim Telefonieren aufzustehen oder herumzugehen etc. helfen, den Bewegungsapparat geschmeidig zu halten.

❖ *Ausdauersport tut Körper und Geist gut*: Aber nur, solange der Sport selbst nicht wieder stressig wird – etwa, weil er unter Leistungsdruck ausgeübt wird. Schwimmen, Radfahren, Joggen, Bergsteigen können außerdem in der Natur ausgeübt werden, was einen zusätzlichen Erholungsfaktor in sich birgt.

❖ *Natur- und Waldbaden*: Damit gemeint ist der Aufenthalt im Grünen. Schon eine Viertelstunde Spazieren im Wald bringt viel frischen Sauerstoff in die Lunge und tut gut.

❖ *Frischluft im Büro* ist auch in der Großstadt nicht zu unterschätzen. Gerade in klimatisierten Räumen ist es förderlich, immer wieder frische Luft von draußen in den Raum zu lassen. Stoßlüften ist im Winter eine klima- und energiefreundliche Variante, um eine Nase voll Freiheit und Entspannung einzuatmen.

❖ *Für Unterbrechungen sorgen*: Pausen einzulegen ist eine Frage der Klugheit. Nach ca. eineinhalb bis zwei Stunden sinkt die Aufmerksamkeitskurve radikal. Bevor das passiert, aber spätestens dann sollten rund zwanzig Minuten Pause gemacht werden, in denen nicht wieder am Handy schreckliche Nachrichten oder private Mails gecheckt werden sollten. Bewusst zu atmen, auch mal ein paar Minuten am Fenster stehen und nur „dumm in die Luft schauen" haben eine entspannendere Wirkung als allgemein angenommen.

❖ *Richtig und ruhig essen*: Eine gesunde, abwechslungs- und vitaminreiche Ernährung ist generell wichtig, besonders aber in Stresszeiten, denn Stress entzieht dem Körper Vitamine und Mineralstoffe. Die gesunde Jause zwischendurch – ein Joghurt, ein Apfel – ist dabei ebenso zu empfehlen wie ein ordentliches Mittagessen, das mit Ruhe genossen wird. Das gesündeste Essen bringt wenig, wenn es unter Stress verschlungen wird.

❖ *Viel Wasser trinken*: Wasser zu trinken ist generell für Körper und Geist wichtig. Zu viel Kaffeegenuss übersäuert den Körper und verstärkt die durch Stress ohnehin laufende Übersäuerung. Wasser reinigt und spült den Körper wieder aus. Täglich zwei Liter Wasser zu trinken – am besten gutes Leitungswasser – sollte normal sein.

❖ *Noch mehr Wasser trinken*: Wer mehr trinkt, bewegt sich mehr. Durch das Spülen der Nieren ist ein häufigerer Besuch der Toilette unvermeidbar. Wer noch dazu keinen Wasserkrug auf dem Tisch hat, sondern jedes Mal aufsteht, um das Glas neu mit Wasser zu füllen, bewegt sich nochmal ein paar Schritte mehr.

❖ *Atmen gegen Stress*: Natürlich atmen alle Menschen, solange sie leben. Aber gerade in Stresssituationen atmen die meisten nur oberflächlich und nicht mit dem Bauch. Prüfen Sie es selbst. Tiefenatmung, Bauchatmung, entspannende Atmung zu üben ist eine gute Übung, um mit Stresssituationen besser umgehen zu können. Hilfreich dafür können regelmäßiges Meditieren oder Yoga sein. Im Arbeitsalltag immer wieder aufzustehen, sich zu strecken und dann bewusst öfter ein- und länger auszuatmen, hat eine beruhigende, erdende Wirkung und tut gut.

HILFE HOLEN UND ARBEITSBEDINGUNGEN VERÄNDERN

Stress auf der persönlichen Ebene abzufangen und zu vermeiden ist wichtig. Bedingungen zu verändern ist nachhaltig. Hilfe zu holen ein Zeichen von Stärke.

Auch für Führungskräfte ist es relevant, Stress auf der strukturellen Ebene, auf Ebene der Arbeitsbedingungen zu vermeiden. Vorgesetzte sind dafür verantwortlich dafür, die Rahmenbedingungen für ihre Mitarbeiter*innen so zu gestalten, dass diese ihre Aufgaben gut – und auch ohne Dauerstress – erledigen können. Ebenso sind Vorgesetzte dafür verantwortlich, ihre eigenen Arbeitsbedingungen so zu gestalten, dass sie ihre Führungsaufgaben gut – und auch ohne Dauerstress – erledigen können. Besonders mit Blick auf ihre Vorbildfunktion ist dieser Punkt wichtig.

Auch für Führungskräfte kann es notwendig sein, sich Hilfe zu holen. Um Hilfe zu bitten und in Anspruch zu nehmen, ist kein Zeichen von Schwäche, sondern von Stärke, da die Grenzen der Belastbarkeit und damit die eigene Gesundheit geschützt werden.

Gerade für Vorgesetzte in einer Sandwich-Position (vgl. 3. Kapitel, 2. Wen kann ich jetzt noch fragen?) ist es notwendig, mit eigenen Vorgesetzten regelmäßig über ihre Arbeitsbelastung zu reflektieren. Das Empfinden überfordernder Arbeitspakete soll dabei genauso zur Sprache gebracht werden wie die Frage, was an wen delegiert werden oder welche andere Veränderungsmöglichkeit in Betracht gezogen werden kann. Auch den Vorgesetzten gegenüber ist es möglich, Nein zu sagen – wenn der Preis eines Ja die eigene Gesundheit wäre.

Hilfreich im Umgang mit stressigen Situationen kann auch der Austausch mit anderen Personen sein, um von ihnen zu lernen, wie sie auf der betrieblichen Ebene für gute Arbeitsbedingungen sorgen.

Die Belastungssituation mit einer externen Person im Rahmen eines Coachings zu beleuchten und nach Lösungsmöglichkeiten zu suchen, ist hilfreich. Manchmal reicht es, den Blick auf eine Situation zu verändern, um Stress zu reduzieren. Manchmal kann es auch notwendig sein, über eine Veränderung des Arbeitsortes nachzudenken. Die innerliche Freiheit, nur daran zu denken, dass dieser Erwerbsarbeitsplatz auch verändert oder verlassen werden kann, entspannt oft sehr.

INNERE HALTUNGEN BEI
DER STRESSBEWÄLTIGUNG

Was den einen aufregt, lässt den anderen noch lange kalt. Wo die eine sich schon die Haare rauft, lächelt die andere geduldig.

So unterschiedlich Menschen „gestrickt" sind, so unterschiedlich gehen sie auch mit Stress um. Neben physischen Dimensionen zur Bewältigung von Belastungen im Erwerbsarbeitsalltag spielen auch innere Haltungen eine wesentliche Rolle: die persönlichen Stressverstärker. In der Stressforschung ist diese Dimension neben den Stressoren (z. B. zu viel Arbeit, soziale Konflikte, Zeitdruck, ständige Störungen) und den Stressreaktionen (z. B. Krankheiten oder psychische Belastung) eine gerade auch für Führungskräfte wichtige Dimension.

Persönliche Stressverstärker sind quasi die „innere Antwort" auf äußere Anforderungen. Diese „inneren Antworten" sind psychisch-emotionale Reaktionen auf einen Stressreiz. Antworten, die Stress verstärken, können Haltungen sein wie z. B. Perfektionismus („Ich muss alles perfekt machen!"), Einzelkämpfertum („Ich muss alles allein schaffen!"), Ungeduld („Ich muss alles sofort erledigen!") oder Selbstüberforderung („Ich darf keine Schwäche zeigen!"). Wer sich dieser Haltungen – auch „Antreiber" genannt – bewusst ist, hat einen Hebel in der Hand, um diese persönlichen Stressverstärker Schritt für Schritt zu entmachten.

Wer sich eines Glaubenssatzes bewusst ist, kann diesen auch ändern, kann für sich „Erlauberinnen" finden, die wiederum eine entspannte Haltung mit Blick auf Stresssituationen fördern.

Positive Glaubenssätze können sein:
❖ Auch ich darf Fehler machen.
❖ Ich gebe mein Bestes und achte auf mich.

- ❖ Ich erledige Dinge eines nach dem anderen und in meinem Tempo.
- ❖ Ich setze Prioritäten und genieße auch kleine Erfolge.
- ❖ Ich darf Nein sagen und andere enttäuschen.
- ❖ Ich muss nicht alles richtig machen und darf kritisiert werden.
- ❖ Gefühle oder Schwächen zu zeigen ist ein Zeichen von Stärke.
- ❖ Ich muss nicht alles selbst machen – ich darf delegieren.
- ❖ Ich muss nicht alles kontrollieren – ich darf vertrauen.
- ❖ Ich bin eingebettet in etwas Größeres, das mich trägt.
- ❖ Mein Beitrag ist wichtig – aber ich allein kann nicht die Welt retten.

DANKBARE FÜHRUNGSKRÄFTE SIND GLÜCKLICHE FÜHRUNGSKRÄFTE

Dankbare Menschen sind glücklich. Davon sprechen Weisheiten aller Kulturen und Religionen. Dankbarkeit ist die kürzeste Formel des Christentums, meint der Benediktinermönch David Steindl-Rast. Es gibt im Leben unzählige Kleinigkeiten, für die man dankbar sein kann, die – im Letzten – nicht selbstverständlich sind. Z. B. die Tatsache, gut und frei atmen zu können; oder einen Vogel singen zu hören; ein Einkommen zu erhalten, das ermöglicht, im Winter die Wohnung warm zu halten; oder das Privileg, in einem weitgehend friedlichen Land zu leben. Dankbarkeit ist der Schlüssel zur Freude und zum Glück. Nach Glück sehnen sich alle Menschen. Auch Führungskräfte.

Wer sich auch über Kleinigkeiten freuen und dafür dankbar sein kann, findet auch im manchmal sehr grauen Alltag als Führungskraft Freuden, die wie Sterne in der Nacht blinken. Dankbar zu sein kann geübt werden. So wie die Pause dem Körper Erholung schenkt an einem anstrengenden Tag, so schenkt Aufmerksamkeit auf positive

Situationen und Gegebenheiten der Seele Momente der Dankbarkeit und des Glücks. Dankbare Führungskräfte sind glückliche Führungskräfte – was nicht heißt, dass Probleme übersehen oder alles nur mehr mit der rosaroten Brille betrachtet wird. Glück ist demnach nicht ein Dauerzustand, sondern ein Geschenk, das durch das tägliche Üben der Dankbarkeit immer wieder erhalten wird.

Die intensivere Dankbarkeitsübung ist die, jeden Tag etwas zu finden, wofür er oder sie bisher noch nicht gedankt hat.

Geschärfte Achtsamkeit auf Gelungenes, auf Erfolge und auf zwischenmenschliche Wärme schärft zugleich auch die Achtsamkeit auf Misslungenes, menschliche Härte oder Ungerechtigkeiten. Wer als Vorgesetzte sensibel ist für das Schöne im Job und damit in Resonanz geht, wird auch in Resonanz gehen mit Unstimmigkeiten im Team oder Bedingungen, die Mitarbeiter*innen dauerhaft stören. Und sie wird das in ihrer Macht Stehende tun, um diese Bedingungen zu verändern, um den Konflikt konstruktiv auszutragen und gute, menschenfreundliche Lösungen zu finden.

Dankbare Führungskräfte sind glückliche Führungskräfte – auch wenn sie trotzdem manchmal überlastet, schlecht gelaunt oder unglücklich sind und auch ihren Mitmenschen gegenüber Grenzen setzen und Nein sagen müssen.

Folgende Fragen können helfen, um das innere Leuchten zu erhalten:

○ *Was ist besonders gut und richtig in meinem Leben?*
○ *Was würde ich vermissen, wenn ich es nicht mehr hätte?*
○ *Wofür kann ich dankbar sein?*
○ *Was genau will ich trainieren und üben?*
○ *Wie genau stelle ich das an?*
○ *Wonach sehne ich mich?*
○ *Bei welchem Gedanken schlägt mein Herz höher?*

- *Wovon träume ich?*
- *Was begeistert mich?*

Merksätze

☞ Schwindeln Sie Bewegung in Ihr Leben!

☞ Starke Vorgesetzet wissen, wann sie Hilfe holen.

☞ Innere Haltungen beeinflussen, wie gut Stress bewältigt werden kann.

☞ Dankbarkeit ist ein Schlüssel zum Glück.

4. Mach mal Pause!

Unterbrechungen sind notwendig

„Unterbrechung ist die kürzeste Definition von Religion." Diese Kurzformel des Theologen Johann Baptist Metz kann übersetzt in den Führungsalltag bedeuten: Wenn du dir bewusst halten willst, dass das Leben nicht nur aus Arbeit und Mühsal, Bilanzen und Konfliktlösungen, Timelines und Unternehmenszielen besteht, wenn du dir bewusst halten willst, dass es neben dem „Diesseitigen" von Leistung, des Arbeitens, Tuns und des Habens auch das „Jenseitige" der Muße, des Seins und des Beschenktwerdens gibt, wenn du dir diese vielleicht religiöse, sicher aber transzendente Dimension des Lebens bewusst halten willst, dann achte auf Unterbrechungen.

Unterbrechungen, Pausen, Auszeiten, Urlaube, Exerzitien, Retreats, Zeiten der Muße – diese Formen des Seins und Lebens sind gerade auch für Führungskräfte wesentlich, ja notwendig. Vorgesetzte sind Vorbilder. Und als solche auch Vorbilder in punkto Zeit- und Ressourceneinteilung, Anhäufung bzw. Abbau von Überstunden bzw. der Verwaltung von Arbeitspaketen – in punkto Umgang mit Anspannung und Entspannung.

Aus der Materialforschung der Physik ist es ebenso bekannt wie aus der Stressforschung der Psychologie: Um die dynamische Spannkraft eines Stoffes bzw. der Seele gesund zu halten, ist es wichtig, dass Spannung und Entspannung in Abwechslung stehen. Wer einem Menschen zu viel Druck auferlegt, ohne auf Zeiten – und Strukturen! – der Entspannung und Entlastung zu achten, riskiert langfristig, dass der Mensch zusammenbricht. Und im Burnout, der physischen Erschöpfung oder gar mit Herzinfarkt im Spital oder am Friedhof landet.

Eine Unterbrechung ermöglicht, zu den eigenen Gefühlen in Distanz zu gehen und ihre Dynamik zu unterbrechen, einen Schritt zurückzutreten und sich zu fragen, woher die Gefühle kommen, welche Motive – vielleicht versteckt – dahinter liegen. Um zu erkennen: Ich *habe* ein Gefühl – ich *bin* dieses Gefühl aber nicht. Ich werde von diesen Gefühlen nicht bestimmt – und habe daher die Freiheit zu entscheiden, was an ihnen wertvoll ist und mein Handeln bestimmen darf und soll.

Das gilt auch für das Verhältnis zur eigenen Position als Führungsperson: Ich *habe* eine Position inne – ich *bin* diese Position aber nicht. Ein Mensch besetzt eine Position – und ist deshalb eine Vorgesetzte. Sie ist und bleibt aber Mensch – unabhängig von der Position. Diese innere Distanz zwischen *Sein* und *Haben* ermöglicht es, kritisch auf das eigene Tun und die gegebenen Rahmenbedingungen zu schauen – um diese zu verändern. Oder, wenn nötig, die Position auch zu verlassen. Denn es ist manchmal besser, gesund und aufrecht zu bleiben, als an der Position krank zu werden oder sich dauerhaft verbiegen und die eigenen Werte verraten zu müssen.

Bewusst gesetzte Unterbrechungen sind Möglichkeiten, sich in der gegebenen Zeit zu managen. Niemand kann nämlich die Zeit managen. Wir können aber uns selbst *in der Zeit* managen. Das gilt für die Zeit der Erwerbsarbeit ebenso wie für die gesamte Lebenszeit.

Folgende Fragen können Orientierung geben über den Wert des Einsatzes der gegebenen (Lebens-)Zeit:

❖ Wer oder was ist mir wichtig und erfüllt mich?
❖ Für wen oder wofür nehme ich mir Zeit?
❖ Wie will ich mein Leben, meine Erwerbsarbeitszeit gestalten?
❖ Was will ich – im Leben, im Job – erreichen?
❖ Wo liegt meine Berufung?

Die Antworten auf diese Fragen führen zu Entscheidungen, die helfen, das eine vom anderen zu scheiden, zu trennen, Klärung herbeizuführen – um entschiedener, ruhiger leben zu können – auch als Führungskraft.

KURZE PAUSE – LANGE WIRKUNG

Ein Mensch spazierte durch den Wald und kam an einem Waldarbeiter vorbei, der sich mit einer Säge abmühte, einen Baum zu fällen. Der Beobachterin war schnell klar, dass die Zähne der Säge stumpf waren. „Deine Säge ist doch stumpf. Warum feilst du die Zähne deiner Säge nicht, damit sie wieder scharf sind und du viel schneller sägen kannst?", fragte die Frau den schwitzenden Waldarbeiter. „Das geht nicht", antwortete dieser, „dafür habe ich jetzt keine Zeit!"

In Japan hat sich eine kurze Pause als *power nap* schon bis in die obersten Management-Etagen eingebürgert. Die aus Lateinamerika bekannte Siesta in der Hängematte ist nicht nur der Hitze einiger Länder geschuldet, sondern auch dem Umstand, dass eine bewusste Unterbrechung des anstrengenden Arbeitstages wieder Kraft gibt, um den zweiten Teil des Tages gut meistern zu können. Dazu reicht es, den Kopf auf die Tischplatte zu legen oder drei Sessel zusammenzuschieben und den Timer des Handys auf dreizehn Minuten zu stellen – eine Zeitspanne, die sich als ideal für eine europäische Siesta bewährt hat.

Spirituelle Menschen wissen um Wert und Notwendigkeit von Erholung, Auszeiten und Unterbrechungen. Vom großen Ordensgründer Ignatius von Loyola (16. Jahrhundert) ist überliefert, dass sich seine engsten Mitbrüder darum kümmerten, dass er auch genügend „in Muße sei". Denn sie wussten, dass nicht nur seine Arbeit und sein Organisationstalent die Ordensgemeinschaft trägt und erhält, sondern vor allem auch seine Muße.

Die Gründe, warum die Mußezeiten des damaligen Ordensoberen so wichtig waren, sind auch für heutige Führungskräfte relevant:

❖ *Die eigene Gesundheit*: Eine gute Vorgesetzte achtet auf die Stimme ihres Körpers, beachtet ihre Grenzen, hält mit ihren Kräften Maß und schiebt in den Arbeitsalltag immer wieder Ruhepausen ein. Außerdem wirkt eine gut erholte Chefin allein schon durch die angenehme Atmosphäre ihrer guten Laune förderlich für ihre Umgebung.

❖ *Die rechte Distanz zur Führungsposition*: Die Fähigkeit, sich als Führungskraft selbst in guter Distanz zur eigenen Position zu halten, um nicht auf Gedeih und Verderb „am Sessel kleben bleiben" zu müssen, zeigt sich nicht nur in Worten, sondern besonders deutlich in Zeichen. Wer sich regelmäßig Auszeiten nimmt (wenn es denn die Situation mit kleinen Kindern, der spezifischen Erwerbssituation oder die Mitarbeiter*innen ermöglichen), signalisiert den anderen und vor allem sich selbst, dass es „auch ohne mich geht". Die rechte Distanz zur eigenen Position zeigt, dass die Gefahr gebannt ist, sich vollständig an die Arbeit zu verlieren, ihr alles andere – die eigene Gesundheit, auch die eigene Familie – unterzuordnen und zu opfern. Was in manchen Kreisen als Tugend gilt – alles der Erwerbsarbeit unterzuordnen – sollte regelmäßig geprüft werden: Steht hinter der überfordernden Arbeit nicht auch ungesunder Ehrgeiz, Eitelkeit oder das Bedürfnis nach Karriere oder Macht? Für die rechte Distanz zur Erwerbsarbeit und hier zur Führungsposition kann über aktive Gestaltung von Unterbrechungen gesorgt werden.

❖ *Vorgesetzte sind Vorbilder* – nicht nur in puncto Erwerbsarbeit, sondern auch im Umgang mit Zeiten der Erholung: Welche Kultur der Freizeit, des Urlaubs und des Umgangs mit Überstunden gestalten Sie in Ihrem Umkreis? Geben Sie dem Personal durch eigene, bewusst gesetzte Auszeiten die Erlaubnis, dass auch dieses den Arbeitsalltag unterbrechen kann, um Kraft und Motivation zu tanken? Gerade auch Vorgesetzte müssen sich fragen, warum es ihnen so schwerfällt, innezuhalten und aus dem Hamsterrad auszusteigen.

Für Frauen in Führungsposition, die „nebenbei" mit Familien- und Care-Arbeit beschäftigt sind, sind diese Fragen umso wichtiger, da gute Lösungsvorschläge nicht so leicht umsetzbar sind. Mehrfachbelastungen (Erwerbsarbeit, Erziehungsarbeit, Hausarbeit, Pflege etc.) hängen sich in unserer Gesellschaft normalerweise viel schwerer an die Schultern einer Mutter, die in der Erwerbsarbeit auch Chefin ist, als an die eines Vaters, der in der Erwerbsarbeit Vorgesetzter ist – und statistisch viel weniger Zeit in die Care-Arbeit investiert als gleichrangige Mütter.

DREAM-DAYS, REFLEXIONSTAGE, OASENTAGE

Führungskräfte sollen in der Führung der Organisation den Überblick behalten, eine gesunde Distanz in der Menschenführung bewahren und in der Selbstreflexion immer wieder „einen Schritt zurücktreten", um den Kurs zu halten, Ziele nicht zu verfehlen und blinde Flecken so gering wie möglich zu halten. Regelmäßiger Austausch mit gleichrangigen Personen (Intervision/Kollegiale Beratung) bzw. fachliche Begleitung (Coaching) kann hilfreich sein. Daneben können mehrmals im Jahr auch Auszeiten organisiert werden. Neben angeleiteten Oasentagen oder Reflexionstagen für Führungskräfte (z. B. in Bildungshäusern oder Klöstern) kann auch der selbstorganisierte Dream-Day hilfreich sein, das eigene Leben und darin die Rolle als Führungskraft bewusst in den Blick zu nehmen. Immer geht es darum, aus dem Hamsterrad auszusteigen und das blinde Funktionieren zu unterbrechen, um die Aufgabe in der Position einer Vorgesetzten aus der Meta-Perspektive bewusst zu beleuchten und kritisch einzuordnen. So genannte Dream-Days bewirken natürlich keine Wunder. Wenn sie allerdings regelmäßig durchgeführt werden, können sie Entwicklungen aufzeigen, die sonst unbemerkt bleiben – und doch im Erwerbsarbeitsleben einer Führungskraft relevant sind. Wichtig ist, dass an einem Dream-Day das ganze Leben in den Blick genommen wird, nicht nur das Erwerbsarbeitsleben als Führungskraft.

Folgende Fragen können einen Dream-Day begleiten:

- Wo stehe ich gerade? Was beschäftigt mich – beruflich, privat?
- Wie fühle ich mich? Wie würde ich meine Gesundheit beschreiben?
- Was sind meine aktuellen Projekte?
- Worauf bin ich stolz? Wobei quäle ich mich?
- Was lese ich gerade – Poesie, Belletristik, fremdsprachige Literatur?
- Welche war meine letzte kulturelle, musikalische Tätigkeit?
- Welchen Sport betreibe ich? Wie regelmäßig?
- Wie steht's um meine Spiritualität? Um meinen Blick hinter das Vordergründige?
- Wer sind meine Vorbilder?
- Wer sind meine wichtigsten Freund*innen?
- Wer/was inspiriert mich?
- Wo möchte ich in einem halben Jahr stehen? Was möchte ich bis dahin erreichen? Wie möchte ich mich dann fühlen?

Aus Sicht christlicher Spiritualität sind Auszeiten Wege zu eigenen Kraftquellen. Stille, Meditation und Gebet führen besser zu sich selbst. Und auch zu Gott bzw. den Spuren von Gottes Wirken in der Welt – auch durch die Person der Führungskraft selbst. Führungskräfte können – in Anlehnung an die metaphorische Beschreibung von Heiligen – wie bunte Glasfenster sein, durch deren Art zu sein und zu handeln etwas von Gottes ermächtigendem und menschenfreundlichem Wirken auch in den konkreten, oft grauen Arbeitsalltag hineinleuchten kann.

FLUCHT-ORTE

Bei akuter Überlastung Orte zu kennen, wohin man sich zurückziehen kann, ist besonders für Vorgesetzte wichtig.

Nach einer Besprechung mit belastenden Entscheidungen, vor einem Konfliktgespräch mit einer Mitarbeiterin, wenn den ganzen Tag ein Meeting das andere jagt und auch das Mittagessen vor dem Bildschirm gegessen wurde – wohin kann eine Vorgesetzte flüchten, um mal durchzuatmen, um den eigenen Frust kontrolliert abzuladen oder um einfach mal „dumm in die Luft schauen" zu können, ohne dass sofort jemand was von einem will?

Soziale Orte wie die Teeküche oder der Kopierraum sind dafür wenig geeignet – zu leicht könnten unbefugte Ohren mithören, wenn vertrauliche Daten und Konflikte besprochen werden oder einfach mal kurz der eigene Frust weggeschimpft wird. Wo kann man aber kurzfristig einfach mal man selbst sein, ohne sich verstellen und gute Miene zeigen zu müssen?

In einem Seminar wurde bei der Suche nach einem „Fluchtort für Führungskräfte" die Toilette für Behinderte als ein möglicher Ort genannt: Diese ist großräumiger, weniger einsichtig und akustisch oft abgekoppelt von anderen Toiletten. Dort kann man im Spiegel Grimassen schneiden, sich mal durchstrecken, einen Schattenboxkampf führen oder sich einfach länger hinsetzen und „in die Luft starren" – wenn das Mechanismen sind, um angestauten Frust, akute Aggression oder auch punktuelle Schwäche abbauen zu können. Dies ist nur ein Beispiel für mögliche Orte, um im Sinne einer Unterbrechung aus dem Hamsterrad der Überlastung kurzfristig entfliehen zu können.

UNTERBRECHEN BEI KONFLIKTEN

Der spirituelle Rat, den Alltag immer wieder zu unterbrechen, kann auch bei Konflikten hilfreich sein. Wenn sich die Fronten verhärtet haben, wenn die Argumente auszugehen scheinen und der Ton sich zu verschärfen droht, wenn eine gütige Lösung nicht in Sicht ist – dann kann es hilfreich sein, das Gespräch (angekündigt!) zu unterbrechen. Kurz den Raum zu verlassen, mal durchzulüften, das Wasserglas neu aufzufüllen, alle Beteiligten zu ermuntern, sich zu erheben und sich zu bewegen kann manchmal Wunder bewirken, weil der Konflikt unterbrochen wurde und sich dadurch etwas bewegt hat.

Eine längere Unterbrechung, ein Darüberschlafen, verbunden mit Gebet für die Konfliktparteien, kann sich vor allem für spirituelle Menschen als hilfreich erweisen.

BIORHYTHMEN NÜTZEN

Eine gute Führungskraft reflektiert immer wieder ihr eigenes Tun. Dazu gehören die großen Themen wie Kommunikationsverhalten (Wie rede ich mit meinem Team?), Einsamkeit der Position zwischen den Stühlen (Woher hole ich mir Kraft, Bestätigung, Rückmeldungen?) und Erwartungen einzelner Mitspieler*innen (Wer will was von mir und wie positioniere ich mich dazu – sage ich Ja oder Nein?). Die Reflexion des eigenen Tuns ist eine Methode der Selbstführung, des Selbstmanagements. Dazu gehört auch zu beobachten, wann die eigenen biologischen Rhythmen welche Arten des Tuns erleichtern bzw. erschweren.

❖ *Morgen- bzw. Abendmenschen*: Leistungskurven sind bei Menschen unterschiedlich. Manche („die Lerchen") stehen frisch und munter am frühen Morgen auf und könnten Bäume ausreißen – werden am Abend jedoch relativ früh müde und mit ihnen ist nicht mehr viel anzufangen. Andere („die Eulen") brauchen am Morgen relativ lange, um in Schwung zu kommen. Dafür arbeiten sie gerne bis spät in die Nacht hinein.
Wenn man sich selbst gut kennt und wenn es der Arbeitsalltag ermöglicht, ist es klug, die eigenen Arbeitspakete entsprechend der individuellen Leistungskurve einzuteilen: Wer am Vormittag hochkonzentriert arbeiten kann, sollte sich früh jene Arbeiten einteilen, die Genauigkeit oder hohe Sensibilität erfordern (etwa ein schwieriges Mitarbeiter*innengespräch) – um später am Tag eher Routinearbeiten zu erledigen oder Tätigkeiten, bei denen weniger Kommunikationsfähigkeit gefragt ist.
Andersherum bei jenen, deren Biorhythmus anders getaktet ist.

❖ *Zyklische Lebensphasen beachten*: Da Führungskräfte Menschen sind, funktionieren sie nicht reibungslos wie eine gut gewartete Maschine, sondern haben ihre guten und schlechten Tage, ihre

Phasen der Energie und ihre Lebenszeiten, wo scheinbar alles auf dem Kopf steht. Frauen sind aufgrund ihrer zyklischen Fruchtbarkeitsphasen von diesen unterschiedlichen Lebensphasen meist direkter und bewusster betroffen als Männer. Die mit hormonellen Veränderungen manchmal verbundenen Stimmungslagen sind normal in einem Menschenleben. Auch im Leben von Führungskräften – aller Geschlechter. Wer sich kennt, kann diese zyklischen Lebensphasen bewusst im Terminkalender berücksichtigen. Und – wenn das Vertrauensverhältnis entsprechend gut ist – auch im Team benennen, wenn z. B. Tränen schneller fließen, als der Umstand es erfordert, oder wenn Unmut schlechter zurückgehalten werden kann als sonst. Es ist hilfreich, wenn z. B. die Chefin ihre Mitarbeiter*innen informiert, dass das nun nichts mit ihnen, sondern mit ihrer persönlichen, gerade schmerzhaften Lebenssituation zu tun hat. Es ist förderlich, wenn die Vorgesetzte erklärt, dass sie aufgrund ihrer aufwallenden Wechselbeschwerden augenblicklich weniger belastbar ist als normal. Diese Rhythmen des Lebens nicht zu negieren oder als lächerlich abzuwerten, sondern sie als Teil des Führungsalltags gegebenenfalls auch aktiv zur Sprache zu bringen, schafft Raum für Menschlichkeit.

Selbstführung setzt voraus, dass sich die Führungskraft auch selbst kennt. Nur wer sich kennt, kann sich gut führen. Das erfordert in der Reflexion des eigenen Tuns und Führungsverhaltens das Kunststück, quasi auf der Bühne zu stehen und zu singen (*tun*) und zugleich – wie die beiden Alten in der Muppet-Show – sich selbst beim Singen kritisch zu beobachten (*reflektieren*). Das erfordert eine hohe Wahrnehmungs-Fähigkeit, da auf zwei Ebenen gleichzeitig agiert werden muss. Es bedarf auch der Zeit, mit sich selbst in inneren Dialog zu gehen und sich in eine möglichst fremde, aber wohlwollende Perspektive zu versetzen. Selbstführung wird erleichtert, wenn in regelmäßigen Unterbrechungen (Zeit für Reflexion) und mit professioneller Unterstützung (kollegiale Beratung, Coaching) das eigene Tun gemeinsam beobachtet und eingeordnet wird. Diese Kunst der „persönlichen Öffnung" – wenn auch Führungskräfte ihre inneren Prozesse sorgsam mit der Außenwelt kommunizieren – ist inzwischen ein zentrales Konzept für Teams und Teamführung.

GESELLSCHAFTLICHE RHYTHMEN NÜTZEN

Im feindlichen Heereslager der Osmanen in Ägypten angekommen wartet der hl. Franz von Assisi mit seinen Brüdern darauf, beim Sultan vorgelassen zu werden. Er möchte im Kreuzzug, den Christen gegen Muslime führen, friedlich vermitteln. In der Zeit des Wartens erlebt er, dass der Alltag im muslimischen Heer fünfmal täglich unterbrochen wird, damit sich die Gläubigen – durch den Ruf des Muezzins erinnert – dem vorgeschriebenen Gebet zuwenden.

Von dieser Praxis beeindruckt führte sie der mittelalterliche Heilige bei seiner Rückkehr in Italien ein. Eine Praxis, die zur Tradition wurde und sich im Christentum weltweit verbreitet hat: Heute noch werden in vielen Ländern die Kirchenglocken dreimal am Tag geläutet – in der Früh, zu Mittag und am Abend. Dieses Läuten kann Menschen aller Weltanschauungen daran erinnern, das Hamsterrad des Tuns zu unterbrechen und sich neu auszurichten auf das Wesentliche im Leben.

Das Läuten zu Mittag kann z. B. genutzt werden, um in Form eines kurzen Stopps den bisherigen Tag Revue passieren zu lassen, sich mit einem tiefen Atemzug zu zentrieren, dankbar zu sein für Gelungenes und weitere Aufgabenschritte, Ziele oder Herausforderungen bewusst vor das innere Auge zu holen.

Wenn es die Situation erlaubt, ist es hilfreich, beim Läuten der Mittagsglocken die Position zu wechseln, aufzustehen, zum Fenster zu gehen und sich zu fragen:

- ❖ Wer bin ich?
- ❖ Wie geht es mir?
- ❖ Was ist mir bisher gelungen?
- ❖ Was möchte ich heute noch bewirken?

Dieses Tagzeitenläuten der Kirchenglocken kann für spirituelle Menschen eine unauffällige Möglichkeit sein, sich im Gebet wiederholt auszurichten auf Gott oder den größeren Zusammenhang, innerhalb dessen auch die Erwerbsarbeit verrichtet wird.

Wer muslimische Mitarbeiter*innen im Team hat und ihnen räumlich und zeitlich ermöglicht, ihren Glauben aktiv zu leben und sich zu den Gebetszeiten kurz zurückzuziehen, wird durch dieses Entgegenkommen wahrscheinlich ihre Dankbarkeit und ihr besonderes Engagement erhalten.

Unterschiedliche Gesellschaften haben auch ihre eigenen Rhythmen. Diese *im Jahreskreis* oder im Tagesablauf zu erkennen und für Unterbrechungen, für Zeiten der Reflexion und Neuorientierung zu nützen, hat eine spirituelle Dimension. Im Jahreskreis ist es auch bei nichtchristlichen Unternehmen meistens üblich, um Weihnachten herum eine Firmenfeier abzuhalten, innezuhalten, aufs Jahr zurückzuschauen und der Belegschaft für ihre Arbeit zu danken.

Geburtstage, Jubiläen oder auch *besondere familiäre Feier-Tage* der Belegschaft nicht zu übersehen, verschafft einer Vorgesetzten einen Bonus. Wer diese Daten im Kalender hat und sie als Anlass nimmt, den normalen Arbeitsablauf zu unterbrechen, um den Betroffenen zum Geburtstag, zur Gesellenprüfung der Tochter oder zur

Geburt eines Enkelkindes zu gratulieren, der zeigt – wenn auch vielleicht nur mit einem kleinen Zeichen – dass die Mitarbeiter*innen als Menschen mit ihrem sozialen Umfeld beachtet werden.

Folgende Fragen können helfen, um den Wert von Pausen zu reflektieren:

- *Wofür möchte ich meine Zeit verwenden? Wofür nicht?*
- *Wie definiere ich Leistung?*
- *Welche tiefen Gefühle erzeugt das Wort „Pause" in mir?*
- *Wann habe ich das letzte Mal bewusst einfach nur „in die Luft geschaut", ruhig geatmet? Und wann habe ich mich danach nicht schuldig gefühlt, nichts getan zu haben?*
- *Was hindert mich daran, Pausen, bewusste Unterbrechungen und ausreichend lange Urlaubszeiten im Kalender zu fixieren?*
- *Welche erfüllenden Tätigkeiten übe ich neben der Erwerbsarbeit aus, die mich hinaus locken, auch wenn noch nicht alle Arbeiten erledigt worden sind?*
- *Wie sorge ich als Führungskraft dafür, dass mir – neben Erwerbsarbeit, Hausarbeit und Erziehungsarbeit – Zeit für mich selbst bleibt?*
- *Wodurch und wann pflege ich meine Beziehung/Partnerschaft/Ehe?*
- *Welche äußeren Impulse sind es, die mich dazu bewegen, eine Arbeit zu unterbrechen bzw. auch liegen zu lassen? Welche dieser Impulse sind positiv besetzt?*
- *Wie gehe ich damit um, dass meine Arbeit als Vorgesetzte wenig beachtet wird (Stichwort „Hausarbeit")? Wo und bei wem suche ich echte Anerkennung und ehrliches Feedback?*
- *Wo sind Quellen der Freude, die nichts mit meiner Erwerbsarbeit zu tun haben?*
- *Pflege ich echte Freundschaften? Was zeichnet diese aus?*

○ Wie gehe ich mit meinen biologischen Rhythmen um? Was hilft mir, meinen Körper zu (be)achten und wertzuschätzen?

Mögliche Merksätze

☞ Unterbrechungen ermöglichen, den Kopf – und das Herz – immer wieder frei zu bekommen.

☞ Nützen Sie gesellschaftliche und biologische Rhythmen zur Gestaltung des Arbeitsalltags!

☞ Selbstführung benötigt Reflexion – Reflexion benötigt Unterbrechung.

☞ Wer sich Zeit nimmt, „die Säge zu schärfen", wird Zeit gewinnen.

5. Von Werten, Verhalten und letztem Halt

Eine Frau lag im Koma. Plötzlich schien es ihr, als sei sie schon tot, wäre im Himmel und stände nun vor einem Richterstuhl. „Wer bist du?", fragte eine Stimme. „Ich bin die Frau des Bürgermeisters", antwortete die Frau. „Ich habe nicht gefragt, wessen Ehefrau du bist, sondern wer du bist." „Ich bin die Mutter von vier Kindern", war nun ihre Antwort. „Ich habe nicht gefragt, wessen Mutter du bist, sondern wer du bist." „Ich bin Lehrerin." „Ich habe auch nicht nach deinem Beruf gefragt, sondern wer du bist", sagte die Stimme. „Ich bin Christin", sagte die Frau. „Ich habe nicht nach deiner Religion gefragt, sondern wer du bist." Und so ging es immer weiter. Alles, was die Frau erwiderte, schien keine befriedigende Antwort auf die Frage „Wer bist du?" zu sein. Irgendwann erwachte die Frau aus ihrem Koma und wurde wieder gesund. Sie beschloss nun herauszufinden, wer sie war. Und darin lag der ganze Unterschied.

Haltungen und Werte von Führungskräften wirken wie ein Megaphon: Über die direkte Arbeit mit Menschen und besonders über das Einwirken auf Strukturen und Rahmenbedingungen werden individuell gelebte Werte verstärkt. Versucht eine Vorgesetzte prinzipiell, ihre Mitarbeiter*innen gerecht zu behandeln, ist das in der Abteilung spürbar. Ist ein Vorgesetzter prinzipiell der Meinung, dass Fehler zum Leben dazugehören und auch mit Humor zu bewältigen sind, wird im Team weniger Anspannung zu spüren und mehr Lachen zu hören sein.

Die Haltung einer Person beeinflusst ihr Verhalten. Was einem Menschen wichtig ist, was er für sein Herzensanliegen hält, das wird seine Handlungen prägen und sich in seinem Gesprächsverhalten

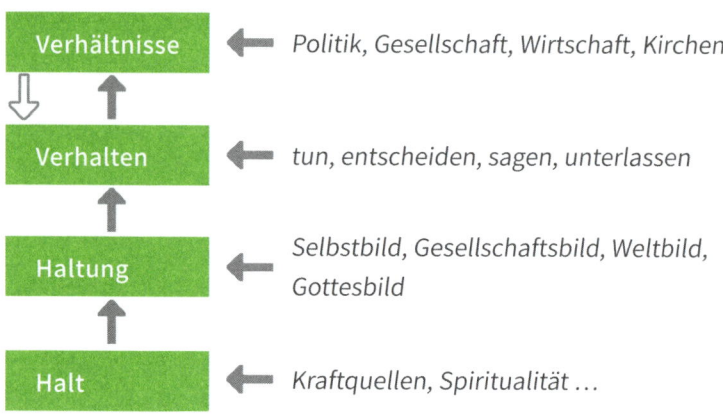

IST es so, wie es sein SOLL?

Verhältnisse	←	Politik, Gesellschaft, Wirtschaft, Kirchen
Verhalten	←	tun, entscheiden, sagen, unterlassen
Haltung	←	Selbstbild, Gesellschaftsbild, Weltbild, Gottesbild
Halt	←	Kraftquellen, Spiritualität …

zeigen. Schon Martin Luther, der große Kirchenreformator des 16. Jahrhunderts, wusste es: „Wes das Herz voll ist, davon geht der Mund über."

Das Verhalten eines Menschen, seine Handlungen, sein Beobachten, seine Interventionen, sein Schweigen, sein Kampf oder seine Entscheidungen zeigen Wirkung. So wie Paul Watzlawick geschrieben hat: „Man kann nicht nicht-kommunizieren", kann man nicht nicht-wirken. Man kann nicht verhindern, dass das eigene Verhalten auf andere wirkt. Selbst das Nichtstun wirkt: z. B. wenn sich zwei Parteien mit ungleichen Kräfteverhältnissen streiten. Wer da nicht schlichtend eingreift, gibt automatisch dem Stärkeren recht.

Das Verhalten eines Menschen beeinflusst daher immer auch Verhältnisse: Strukturen, Regeln, Gesetze, Rahmenbedingungen und Entscheidungsmodalitäten sind Ergebnisse von Vereinbarungen unterschiedlicher Parteien. Nur Regen oder Schnee fallen vom Himmel – gesellschaftliche oder organisatorische Rahmenbedingungen sind Ergebnisse von Aushandlungsprozessen unterschiedlicher Interessenvertretungen. Unabhängig davon, ob diese Prozesse beteiligungsorientiert, soziokratisch, in Mehrheitsabstimmungen, von oben herab oder diktatorisch entschieden worden sind. Deshalb sind Verhältnisse – so zementiert oder sicher sie auch dargestellt werden – auch nie unumstößlich.

Verhältnisse sind vom Verhalten von Menschen, Gruppen, Parteien oder Stakeholdern geprägt. Umgekehrt wird das Verhalten derselben wiederum von Verhältnissen beeinflusst. In Organisationen, die bereits seit längerem beteiligungsorientiert und soziokratisch geführt worden sind, werden die Mitarbeiter*innen auch in anderen Zusammenhängen – z. B. im Vereinsleben – eher ihre Positionen einbringen und Meinungen vertreten. Arbeitskräfte, die einen starken Betriebsrat haben und sich von diesem begleitet, unterstützt und vertreten fühlen, werden ihren Vorgesetzten selbstsicherer gegenübertreten als in Organisationen, wo bereits die Verwendung des Wortes „Betriebsrat" zu einer Kündigungsandrohung führen kann.

Haltungen von Führungskräften bewirken Ähnliches: Ihr Verhalten wird von ihren Haltungen geprägt, was sich früher oder später wiederum in den Verhältnissen ihrer Abteilung oder Organisation spiegelt.

Werte, die sich in den Haltungen von Menschen zeigen, wirken. Christlich inspirierte Werte wie Menschenfreundlichkeit, Ehrlichkeit, besondere Sorge für die Schwächeren und Benachteiligten, Streben nach Gerechtigkeit, Transparenz, Nachhaltigkeit, Solidarität und Kooperation sind verwurzelt in einer langen Tradition, die in ihrer humanistischen Ausprägung sowohl in der Allgemeinen Erklärung der Menschenrechte wie auch in den internationalen arbeitsrechtlichen Bestimmung der ILO (International Labour Organization) Ausdruck gefunden haben. Wie immer ist es die Wechselwirkung von Werten, die in einer dynamischen Balance gehalten werden sollte – um sowohl unternehmerische Ziele wie auch das nachhaltig friedliche und sozial gerechte Zusammenleben in einer Gesellschaft zu ermöglichen.

Gerade christlich inspirierte Führungskräfte sollten sich immer wieder fragen, welche Werte ihre Haltungen und ihr Verhalten prägen – und welche mittel- und langfristigen Ziele sie damit für sich, für die Organisation und die Gesellschaft verfolgen.

LETZTER HALT

Gerade mit Blick auf Werte und Haltungen – nicht nur von Führungskräften – stellt sich die Frage, was Menschen den letzten Halt gibt. Was kann ein Ankerpunkt im Leben sein, der fix hält, auch wenn die Winde das eigene Schiff – oder die Organisation – gehörig ins Wanken bringen? Was ist der tragende Grund, wenn alles zusammenstürzt? Was bleibt, wenn alle gehen? Oder – um es mit dem Gründer des Jesuitenordens Ignatius von Loyola zu formulieren: Gelingt es, „Gott allein als Zuflucht zu haben"?

Die Frage nach dem letzten Halt ist eine zutiefst spirituelle Frage. Sie ist eine Frage nach dem größeren Ganzen, in das sich ein Mensch hineingestellt weiß. Unabhängig davon, ob dieses größere Ganze benannt wird, unabhängig davon, aus welcher religiösen Tradition diese Größe bezeichnet wird – ob im christlichen Sinn „göttliches, liebendes Du", in muslimischer Tradition „Allah, der Allbarmherzige" oder in anderen Traditionen als „Universum" oder „Nirvana": Was dem Menschen letzten Halt gibt hat Auswirkung auf seine innere Haltung. Wer sich als Vorgesetzte geborgen weiß im „göttlichen, liebenden Du", wird mit den Schwächen ihrer Mitarbeiter*innen verständnisvoller umgehen und nach menschenfreundlichen und gerechten Lösungen für ein Problem suchen.

Wer sich selbst z. B. in christlicher Tradition als bedingungslos gehalten und geliebt weiß, der wird auch jene halten, die schwanken, weil das Leben sie prügelt oder sie Fehler begangen haben. Diese Führungskraft wird zu unterscheiden wissen zwischen dem Menschen, der wankt, und dem Fehler, die dieser Mensch begangen hat.

Gerade mit Blick auf die eigene Verwurzelung von Führungskräften ist der Wert des Zuhörens, des Aushaltens (im Rahmen des Vernünftigen) und des Stärkens von Beschäftigten, denen es schlecht geht, auf die Probe gestellt. Den Menschen zuerst zu sehen – unabhängig von Leistung, Erfolg oder Position –, hängt mit einer Spiritualität zusammen, die alles mit allem verbunden weiß. Das Gegenüber zuerst als Bruder oder Schwester zu schätzen – unabhängig davon, was er oder sie getan oder nicht getan hat –, entspringt der christlich-franziskanischen Haltung, alle Lebewesen als Geschöpfe Gottes und daher alle Menschen als Geschwister wertzuschätzen.

Diese Haltung tiefer Wertschätzung, die dem eigenen tiefen Gehaltensein entspringt, sieht zuerst den Menschen im Gegenüber. Ist aber trotzdem nicht blind gegenüber Notwendigkeiten, die die Organisation verlangt. Das kann z. B. auch die Trennung von einer Arbeitskraft erfordern. Diese Trennung aber sachlich gerecht zu begründen und menschlich annehmbar durchzuführen, ist eine Frage der Spiritualität, der tiefgehenden Werte einer Führungskraft.

Folgende Fragen können helfen, um eigenen Werten auf die Spur zu kommen

○ *Was würde ich antworten auf die Frage, wer ich bin?*

○ *Welche Werte prägen viele meiner Entscheidungen als Führungskraft?*

○ *Woran können meine Mitarbeiter*innen erkennen, was mir „wirklich, wirklich wichtig" ist, was ein zentraler Wert für mich ist?*

○ *Was würden meine Gegner*innen sagen, was mir „wirklich, wirklich wichtig" ist?*

Merksätze

☞ Wer ich bin, zeigt sich in dem, was ich tue.

☞ Haltungen wirken über das Verhalten bis in Rahmenbedingungen und Strukturen hinein.

☞ Wer sich selbst gehalten weiß, kann andere halten – auch wenn sie Fehler machen.

☞ Wer um seinen letzten Halt weiß, kann mit Unsicherheiten besser umgehen.

6. Scheitern – eine Realität im Führungsalltag

Franz von Assisi leitete seine Mitbrüder zu einem Leben in freiwillig gewählter Armut an. Dazu gehörte auch, immer wieder bewusst zu fasten. Franz von Assisi war streng, aber auch klug und barmherzig. Eines Nachts erkannte er, dass ein Mitbruder wegen seines strengen Fastens von Hunger gequält wurde und nicht zur Ruhe kam. Bruder Franz rief daher den Mitbruder und holte Brot. Dann begann er selbst als Erster zu essen und forderte den Mitbruder liebevoll auf, auch zu essen. Am nächsten Tag rief er alle Mitbrüder zusammen, erzählte ihnen davon, was in der Nacht geschehen war, und schloss mit der Mahnung: „Nehmt nicht das Essen, sondern die Liebe zum Vorbild!"

An einem Vorhaben zu scheitern, weil das Ziel nicht erreicht wurde, Entscheidungen getroffen zu haben, die sich im Nachhinein als falsch erwiesen haben, ein finanzielles Risiko eingegangen zu sein, das nicht den gewünschten Erfolg gezeigt hat, einen Therapievorschlag gemacht zu haben, der nicht zur Verbesserung der Gesundheit des betroffenen Menschen geführt hat, immer wieder an den eigenen Ansprüchen zu scheitern – wer kennt das nicht? Wer scheitert, wird zurückgeworfen auf die eigenen Grenzen, wird enttäuscht von der Wirklichkeit, die entwickelte Pläne zunichtemacht.

SCHEITERN ZEIGT GRENZEN AUF

Scheitern kann eine massive Grenzerfahrung sein. Scheitern kann erlebt werden wie ein Erdbeben, wie eine traumatische Erfahrung. Als Führungskraft zu erleben, dass z. B. die im Hearing ausgewählte Person für den besetzten Posten nicht die Richtige ist, dass sich trotz intensiver vorheriger Prüfung zeigt, dass der neue Kollege so gar nicht ins Team passt oder nicht den fachlichen Erfordernissen entspricht. Das sind Erfahrungen des Scheiterns, die am eigenen Urteilsvermögen zweifeln lassen.

Scheitern gehört aber zum Führungsalltag. Denn gerade darin besteht Führungsarbeit: in nicht vorhersagbaren Situationen Entscheidungen treffen zu müssen, ohne alle Konsequenzen vorher wissen zu können. Und hier kommt es eben auch zu Fehlentscheidungen – denn ob die gut geprüfte Entscheidung richtig oder falsch war, erweist sich meistens erst im Nachhinein. Scheitern ist daher eine Realität, die in komplexen Realitäten wie denen einer Organisation, einer Abteilung, einer Filiale oder eines Teams unvermeidlich ist.

Scheitern verweist auf Bereiche, die der Machbarkeit entzogen sind: Da eine Organisation nicht wie eine Maschine funktioniert, kann eine Führungskraft zwar ihr Bestes geben, ihr Wahrnehmungsfeld schulen – sie kann aber weder garantieren noch selbst machen, dass „es" gelingt. Da Führungskräfte Menschen sind, sind sie weder allmächtig noch allwissend. Sie müssen Entscheidungen treffen in die Zukunft hinein – in einen Bereich, der ihrer Macht faktisch entzogen ist.

Erst der Umgang mit Erfahrungen des Scheiterns zeigt, ob daraus gelernt werden soll, ob inneres Reifen (der Führungsperson) und äußeres Wachstum (der Organisation) ermöglicht wird. Wer aus Furcht vor Fehlentscheidungen und Scheitern jegliche Entscheidung vermeidet, begeht den schwersten Fehler, den eine Führungskraft begehen kann: gar nichts zu entscheiden.

Hilfreich kann es sein, nach einer Erfahrung des Scheiterns für die Zukunft zu prüfen,

❖ ob der *Verantwortungsspielraum* für die eigene Position passend ist: Kann ich überhaupt die Verantwortung tragen für die zu treffende Entscheidung?

❖ ob die *Kompetenzen*, die ich in der Position mitbringe, ausreichend sind: Habe ich überhaupt die Fähigkeit, das Wissen und die Erfahrung, um Entscheidungen mit dieser Tragweite fällen zu können? Wo bedarf es fachlicher Unterstützung bzw. der Delegation der Entscheidung nach oben/in kompetentere Hände?

„AUFSTEHEN, KRONE RICHTEN, WEITERGEHEN"

Dieser auf bunten Postkarten gerne verschenkte Spruch zeigt, dass Scheitern nicht das Ende eines Weges oder einer Karriere bedeuten muss. Wer zu seinem Scheitern steht und Fehlentscheidungen in seinen Weg als Führungskraft integriert, kann gerade und aufrecht weitergehen.

Hier sei auch auf die systemische Einbettung von Führung hingewiesen: Wie weiter oben ausgeführt, ist auch ein „Scheitern" meist nicht von vornherein ein persönliches Scheitern, sondern meistens ein Scheitern in der Rolle, vielleicht auch ein Scheitern an der Rolle. Wer scheitert bekommt die Chance, sich in einer Tugend zu üben, die zu oft in Vergessenheit geraten ist: Demut.

Ein wesentliches Problem unserer postmodernen, neoliberal geprägten, digital vernetzten Leistungsgesellschaft besteht darin, dass scheinbar unbegrenzte Möglichkeiten geboten werden. Doch gesellschaftlich scheint es dem/der Einzelnen nicht erlaubt, Fehler zu machen und zu scheitern. Es herrscht eine teilweise unbarmherzige Haltung, fast reflexhaft beginnt die Suche nach Schuldigen der Misere, die oft vorschnelle Verurteilung von Verdächtigen füllt die Medien. All das, ohne zur Sprache zu bringen, dass es zur Natur des Menschseins dazugehört, nicht perfekt zu sein, dass alle Menschen, auch die eigene Person, auch Führungskräfte Fehler machen und scheitern können.

Es fehlt weithin ein wohlwollender Umgang mit Gescheiterten, an Wertschätzung gegenüber Führungskräften, die Fehler begangen oder zugelassen haben. Menschen, egal in welcher Position, werden wegen ihres Versagens oft unmenschlich behandelt, obwohl sie – unabhängig von ihren Taten oder Unterlassungen – „per se" wertvoll sind.

Ohne die Umstände und die Konsequenzen gescheiterter Vorhaben wegreden zu wollen, besteht doch die große Kunst darin, die Person, die das Scheitern mitverantwortet, nicht wie eine heiße Kartoffel fallen zu lassen, sondern ihr weiterhin mit Respekt und Achtung zu begegnen. Einfach deshalb, weil sie ein Mensch ist – und von daher Respekt und Achtung verdient. Demut bedeutet auch das: sich selbst und andere nicht fertigzumachen, weil sie gescheitert sind, sondern in „Dien-Mut" sich selbst und anderen zu dienen, um die Erfahrung des Scheiterns zu verarbeiten und daraus zu lernen. Das macht uns zu Menschen, die mit sich menschlich, ja liebevoll umgehen.

ZWISCHEN TAT UND TÄTER*IN UNTERSCHEIDEN KÖNNEN

„Sie hat große Schuld auf sich geladen! Sie hat einen so großen Fehler begangen, dass es untragbar ist, sie weiterhin unter uns zu lassen!", schreien Führungskräfte einer Gemeinde in aller Öffentlichkeit und machen sich daran, gegen die Frau handgreiflich zu werden. Nur einer schreitet dazwischen, stellt sich zwischen die gewalttätigen Gemeindeführer und die beschuldigte Frau. Mit einer einzigen Aussage führt er die Männer zur Vernunft: „Wenn ihr selbst keinen einzigen Fehler habt und nie auch nur einen begangen habt, dann macht weiter. Wenn ihr aber wisst, dass auch ihr nicht fehlerfrei seid, dass ihr selbst schon mal Schuld auf euch geladen habt, weil ihr gegen andere schuldig geworden seid – dann ist es besser, ihr haltet den Mund und geht heim!"

In dieser Geschichte hören die Männer diese Aufforderung und verstummen, weil sie nachdenken. Und einer nach dem anderen räumen sie das Feld – weil sie einsehen, dass sie selbst auch nicht fehlerfrei sind.

Gegenüber der Frau, die des schweren Fehlers beschuldigt worden war, sagte der Mann, dass sie auch gehen und bedenken solle, was sie getan habe. Und dass sie überlegen solle, wie sie in Zukunft solche Fehler vermeiden könne.

Die Haltung des Jesus von Nazareth, von dem diese Geschichte erzählt wird, ist in Bezug auf Fehler eine menschenfreundliche. Er hat immer den Menschen in seiner Bedürftigkeit und mit seinen Entwicklungsfeldern im Blick. Übersieht dabei aber nicht die Tat und den Fehler, den die Person begangen hat.

Ein konstruktiver Umgang mit Fehlern macht Vorgesetzte zu menschenfreundlichen Führungskräften, die nicht nur Konflikte als Möglichkeiten interpretieren, sondern auch um die eigene Fehlerhaftigkeit wissen. Menschliche Führungskräfte, die sich an der oben genannten Geschichte orientieren, versuchen, zwischen Tat und Täter*in zu unterscheiden.

Die Fähigkeit, zwischen der Tat bzw. dem Fehler und der Person, die den Fehler begangen hat, unterscheiden zu können, ist wesentlich für eine Führungskraft, die menschlich bleiben will. Dabei ist es genauso wichtig, diese Unterscheidung gegenüber Mitmenschen zu treffen wie auch gegenüber der eigenen Person: Niemand, der einen Fehler begangen hat, ist als Mensch wertlos, noch ist er so zu behandeln.

❖ *Die Tat ist die konkrete Handlung* – bzw. manchmal auch eine konkrete Unterlassung, die Ursache für einen Konflikt, der Fehler, der vielleicht sogar schwere Folgen nach sich gebracht hat oder zu strafrechtlichen Konsequenzen führen kann.

Im Umgang mit der Tat ist es wichtig, sachlich, nach Regeln und mit Blick auf Gerechtigkeit zu agieren und dafür zu sorgen, dass entstandener Schaden ausgebessert und wiedergutgemacht wird.

❖ *Der Täter oder die Täterin ist immer ein Mensch*, der – von Natur aus und trotz aller Reflexionsarbeit und Kontrollversuche – Fehler macht, andere Menschen vor den Kopf stoßen kann und auch (im günstigen Fall unbeabsichtigt) etwas zerstören kann, das wertvoll und wichtig ist.

Im Umgang mit der betroffenen Person ist es wichtig, menschlich zu bleiben, barmherzig zu agieren und ihm oder ihr die Chance auf Verbesserung, Korrektur oder Wiedergutmachung offenzuhalten.

Die Möglichkeit zu eröffnen, um Entschuldigung zu bitten, Vergebung zugesprochen zu bekommen und auch Versöhnung zu leben, ist in einer Organisation mit Führungskräften und Belegschaft genauso wichtig wie im privaten Umfeld oder in der Gesellschaft.

Gerechtigkeit walten zu lassen ist wichtig und im Sinne des guten Zusammenarbeitens auch in Organisationen und Betrieben wesentlich. Genauso wesentlich ist es jedoch, Gerechtigkeit nicht zu kalter, starrer und menschenfeindlicher Buchstabentreue verkommen zu lassen, sondern über den barmherzigen Umgang mit den betroffenen Personen der Menschlichkeit Raum zu geben und ihnen die Chance zu geben, ihre Fehler gutzumachen und daraus für die Zukunft zu lernen.

FEHLERBEWUSSTE FÜHRUNGSKRÄFTE SIND MENSCHLICHERE FÜHRUNGSKRÄFTE

„Natürlich mache ich auch Fehler. Nicht alle meine Entscheidungen, die ich treffe, sind im Nachhinein gesehen die absolut richtigen", meinte der langjährig erfolgreiche Geschäftsführer eines großen Industriezweiges, der seinen Betrieb fast durchgehend in einer Spitzenposition halten konnte. „Auch wenn ich mit meinen Beratern die Frage hin- und herwende, greifen wir trotzdem manchmal daneben. Und dann muss natürlich ich den Kopf dafür hinhalten, ich bin ja der Geschäftsführer. Aber trotzdem ist es besser, eine Entscheidung zu treffen, die sich im Nachhinein als falsch herausstellt. Dann muss diese halt verändert oder revidiert werden. Aber das Schlechteste ist, gar keine Entscheidung zu treffen aus Angst, die falsche zu treffen und einen Fehler zu machen. Das ist der größte Fehler, den ein Manager machen kann: Keine Entscheidungen zu treffen!", unterstreicht der Manager mit klarer Stimme.

Der schlimmste Fehler, den eine Vorgesetzte machen kann, ist der, vorzugeben, alles immer richtig zu machen. Sie wirkt dadurch unerreichbar, scheinbar vollkommen – wohl aber auch unglaubwürdig und unmenschlich. Sie wirkt abgehoben – und nicht mit den Füßen am Boden. Scheinbar fehlerfreie Führungskräfte laufen oft Gefahr, andere kleinzuhalten, weil sie es nicht ertragen, dass andere vielleicht besser, mutiger, erfolgreicher oder beliebter sein könnten. Wer (auf einer tieferen Persönlichkeitsebene) ständig damit beschäftigt ist, den eigenen Status zu pflegen – aus Angst zu scheitern –, verabsäumt, die Mitarbeiter*innen zu fördern, ihnen Raum zum Wachsen zu geben und ihnen zu vertrauen.

Führungskräfte, die selbst um ihre Fehlerhaftigkeit wissen, aber menschlich und barmherzig mit sich selbst umgehen, werden hingegen leichter respektiert. Vorgesetzte, die demütig sind und sich auch für ihre eigenen Fehler bei den Betroffenen ehrlich entschuldigen, gewinnen bei ihrer Belegschaft wohl mehr Anerkennung und natürliche Autorität als jene, die vorgeben, immer perfekt und makellos zu sein und die Schuld bei den anderen suchen.

DEMUT

Boden (lat.: *humus*) und Demut (lat.: *humilitas*) haben miteinander zu tun: Wer die Füße am Boden behält, wer weiß, dass auch er oder sie scheitern kann und sicher Fehler machen wird, kann leichter demütig bleiben, weil er oder sie um die eigene Beschränktheit ebenso weiß wie um die eigenen Fähigkeiten und Talente.

Demut befreit zudem vom Druck, keine Fehler machen zu dürfen. Denn nicht Fehler sind das Schlimmste, was eine Führungskraft begehen kann, sondern der falsche Umgang mit ihnen – das Verleugnen, Vertuschen oder das Abwälzen auf andere („Sündenböcke").

Demütig zu sein wird landläufig oft damit verbunden, sich selbst klein zu machen. Das ist in diesem Kontext nicht gemeint. Demütig zu sein, die Füße am Boden zu behalten, eröffnet die Freiheit, die eigene Position auch so zu gestalten, dass den Beschäftigten gedient wird. Demut als „Dien-Mut", als Mut zu dienen, ist jenen Vorgesetzten möglich, die ihre Autorität und ihren Selbstwert nicht vorrangig aus der Position ziehen, sondern aus dem Wissen, dass sie als Menschen wertvoll sind – egal in welcher Position sie arbeiten.

DIE ANGST VOR DEM SCHEITERN ZUR HELFERIN MACHEN

Wer sich selbst zudem die Möglichkeit des Scheiterns einräumt, kann ruhiger schlafen, weil die Angst vor dem Versagen, die Angst vor der Möglichkeit, von der Position zurückzutreten keine quälende, würgende mehr ist.

Dazu kann hilfreich sein, mit der Angst vor dem Scheitern direkt ins Gespräch zu gehen:

❖ *Angst anerkennen*: Es gibt sie, sie ist da, sie ist Teil meiner Persönlichkeit. Von daher ist sie prinzipiell gut – weil sie zu mir gehört, weil ich selbst im Grunde gut bin.

❖ *Angst wertschätzen*: Wovor will mich meine Angst schützen? Was verliere ich, wenn ich scheitere, wenn ich meine Position verliere? Was will mir meine Angst zeigen?

❖ *Angst beherrschen*: Welche Angst ist hilfreich, welche unbegründet? Welche Angst ist z. B. ein Zeichen der Überforderung? Kann ich die Angst zähmen?

❖ *Vertrauen und Mut stärken*: Mut haben, die wahren Ursachen der Angst zu bearbeiten (z. B. die Angst, ohne die Position als Vorgesetzte nicht respektiert und nicht geliebt zu werden). Vertrauen stärken, dass es jemanden gibt, dem oder der ich wichtig bin – wenigstens mich selbst!

❖ *Hilfe suchen*: Ein guter Freundeskreis, fähige Berater*innen, auch begabte Mitarbeiter*innen können helfen, der eigenen Angst vor dem Scheitern in die Augen zu schauen – und sie zu zähmen.

❖ *Am Boden bleiben*: Gerade Menschen mit Macht brauchen Menschen, die nicht in ihr Machtsystem eingebunden sind, die ihnen außerhalb ihrer Rolle begegnen können, wo sie *einfach nur Mensch sein* dürfen.

MIT WÜRDE ZURÜCKTRETEN

Der Geschäftsführer hatte all seine Kraft und Kreativität in den Aufbau der Organisation gelegt. Über Jahre hatte er schier Unmenschliches geleistet. Trotzdem befanden seine Vorgesetzten, dass der anstehende Restrukturierungsprozess ohne ihn zu geschehen hätte. Der Geschäftsführer wurde entlassen. Statt seiner Wut und seinem Zorn freien Lauf zu lassen, gestaltete er seinen Abschied in großer Würde: Alle bekamen von ihm ein wertschätzendes Zwischenzeugnis, er verabschiedete sich von zentralen Stakeholdern persönlich. Und bei der Abschiedsfeier hielt er vor versammelter Belegschaft nicht nur eine sehr bewegende Rede, sondern vergoss auch selbst Tränen. Kein Wort des Hasses kam über seine Lippen. Wohl drückte er seine Enttäuschung aus. Aber der Abschied war durch und durch geprägt von seiner Dankbarkeit für die gemeinsame Zeit, die gemeinsam erreichten Ziele und die Hoffnung, dass auch sein Rücktritt etwas zum Guten für die Organisation beitragen möge. Dieser Geschäftsführer zeigte, wie man mit Würde zurücktreten kann.

Ob als Konsequenz eines gravierenden Fehlers, ob aufgrund regelmäßiger und institutionalisierter Positionswechsel (z. B. wird in Ordensgemeinschaften die Äbtissin oder der Provinzial alle paar Jahre neu gewählt), ob aufgrund von Pensionierung oder aufgrund eines freiwilligen Beschlusses – von der Position als Führungskraft zurückzutreten soll ein Akt der Würde sein.

Würdevoll zurückzutreten drückt aus, dass eine Vorgesetzte mit allen ihr zur Verfügung stehenden Mitteln ihren Beitrag zur konstruktiven Gestaltung der Beziehungen unter den Arbeitskräften sowie zum Erreichen der Organisationsziele geleistet hat – nun aber das

Feld räumt, das Projekt abschließt, die (sprichwörtlichen oder realen) Schlüssel an die Nachfolgerin übergibt.

Auch im Falle des Scheiterns beinhaltet ein würdevoller Rücktritt die Haltung, Unvollendetes zu akzeptieren, Verantwortung ab- und zurückzugeben, Fragmentarisches zu bejahen. Nachdem eine Vorgesetzte alle Kräfte eingesetzt hat, darf sie auch wieder zurücktreten, sich erholen, neue Ziele suchen, anderen Menschen die Möglichkeit geben, ihre bisherige Position mit neuen Kräften, Ideen und Fähigkeiten zu füllen.

Gerade wenn eine Führungsposition aufgrund von Scheitern aufgegeben wird, darf darauf vertraut werden, dass jeder Schatten auch sein Licht hat, dass es nichts Schlimmes gibt, das nicht auch sein Gutes hat, dass – wie die alten biblischen Schriften in Metaphern erzählen – *Gott auch auf krummen Zeilen gerade schreibt.*

Folgende Fragen können helfen, um Scheitern in den Führungsalltag zu integrieren:

○ *Wie gehe ich mit Unvollendetem, Unperfektem um? Bei mir? Bei anderen?*
○ *Wo und mit wem kann ich meine Angst vor dem Scheitern besprechen?*
○ *Was wäre das Schlimmste, das passieren könnte, wenn ich als Führungskraft scheitern würde?*
○ *Wo kann mir die Angst vor Fehlern zur Helferin werden?*
○ *Wann kann ich demütig sein? Wann nicht?*
○ *Wann werde ich/wann würde ich von meiner Position zurücktreten?*

Merksätze

☞ Scheitern gehört zum Führungsalltag!

☞ Demut macht frei, fehlerhaft sein zu dürfen.

☞ Hilfe von außen – Coaching, Psychotherapie – hilft, Scheitern als Realität anzunehmen.

☞ Fehlerbewusste Führungskräfte sind menschlichere Führungskräfte.

2. Kapitel

MENSCHEN FÜHREN

„Die Position macht dich zum/r Vorgesetzten. Du selbst aber bist Diener*in – du stehst im Dienst sowohl des bzw. der Einzelnen wie auch des Gesamten/der Organisation. Andere motivierst du viel mehr durch dein Handeln, durch dein Beispiel und dadurch, dass du deine Entscheidungen transparent machst. Weniger durch Worte, Anweisungen oder Befehle – dieses Imponiergehabe macht dich nicht größer, die anderen aber kleiner. Respektiere das Gewissen des bzw. der Einzelnen. Es setzt deiner Autorität eine Grenze – und bewahrt dich vor Machtmissbrauch und Willkür."

Diese Worte verweisen darauf, wie wichtig es ist, dass eine Vorgesetzte ein gutes Vorbild ist, dass sie mit ihren Taten Beispiele dafür gibt, was ihr wichtig ist für die Zusammenarbeit in der Organisation. Es ist wesentlich, die eigenen Haltungen mit Blick auf die zweite zentrale Dimension von Führungsarbeit bewusst zu halten: die Aufgabe, Menschen zu führen.

Es geht dabei immer um die einzelne Person in der Gemeinschaft der Organisation. Beides gehört zusammen – die Einzelne verkümmert, wenn sie nicht in die Gemeinschaft der Organisation eingebunden ist. Und umgekehrt wird eine Gemeinschaft unmenschlich und gewalttätig, die nicht den Einzelnen wahrnimmt. Führungsarbeit ist, Menschen als Einzelne und in Teams zu führen im System einer Organisation.

1. Bessere Entscheidungen werden gemeinsam getroffen

Einbeziehung von Mitarbeiter*innen

Entscheidungen sind unausweichlich, um Rahmenbedingungen zu schaffen, damit Mitarbeiter*innen selbständig arbeiten können – um die Ziele der Organisation zu erreichen.

Wer die Position einer Führungskraft innehat, ist daher ständig damit konfrontiert, Entscheidungen zu treffen. Und zwar Entscheidungen, die nicht sonnenklar sind. Was sowieso klar oder nicht beeinflussbar ist, muss nicht entschieden werden – wie die Himmelsrichtung des Sonnenaufgangs am nächsten Morgen, der erste Schneefall im Winter, der Beginn der Menopause oder die Erntemenge des Kirschbaums hinter dem Haus. Entscheidungen, die Führungsarbeit benötigen, sind relevant in *un*entscheidbaren Situationen, wo nicht von vornherein deutlich sichtbar ist, welcher der möglichen Wege der beste und zielführendste ist. Entscheidungen werden unter Bedingungen von Ungewissheit getroffen. Denn sonst wären sie nicht notwendig.

Entscheiden bedeutet dabei, Argumente, Fakten und Möglichkeiten im Rahmen der Vorgaben und Zielperspektive abzuwägen und aus mehreren Möglichkeiten die beste zu wählen.

Das Problem unserer postmodernen Leistungsgesellschaft besteht oft darin, dass scheinbar unbegrenzte Möglichkeiten geboten sind – es jedoch gesellschaftlich nicht erlaubt ist, Fehlentscheidungen zu treffen. Die Frage nach Schuld ist zu oft die erste – ohne darauf zu achten, in welcher Situation, unter welchen Rahmenbedingungen und mit welchem Ziel die Entscheidung von wem getroffen worden ist. Das hat auch mit einer teilweise unbarmherzigen Haltung Menschen gegenüber zu tun, die Fehler machen – ohne zu bedenken, dass alle Menschen, auch die eigene Person, fehleranfällig sind.

Führungskräfte begehen oft den Fehler zu glauben, dass sie allein Entscheidungen treffen müssen. Dieser Irrglaube überfordert die Führungsperson, missachtet die Fähigkeiten und Kompetenzen der Mitwirkenden und blendet die Möglichkeit aus, gemeinsam bessere und tragfähigere Entscheidungen treffen zu können.

WAS MUSS MIT BLICK AUF WELCHES ZIEL ENTSCHIEDEN WERDEN?

Um eine Entscheidung geordnet treffen zu können ist es wichtig, folgende Schritte zu beachten:

a) Problemanalyse erstellen:

❖ WER hat ein Problem? Ist es die eigene Person? Ist es eine Mitarbeiterin oder sind es mehrere? Kommt das Problem aus der Organisation z. B. in Form mangelhafter Infrastruktur? Entstammt das Problem dem Umfeld der Organisation – z. B. durch eine unzufriedene Kundschaft.

❖ Um WELCHES Problem handelt es sich? Liegt es in den Rahmenbedingungen der Organisation begründet? Liegt es im zwischenmenschlichen Bereich? Liegt es an mangelnden Kommunikationsströmen? Liegt es an unzureichend definierten Zuständigkeitsbereichen?

Je deutlicher sowohl die Betroffenen wie auch die Art eines Problems herausgearbeitet werden kann, umso klarer kann die Analyse getroffen werden.

b) Entscheidungskontext definieren:

❖ WAS ist zu entscheiden? Worum geht es bei der Entscheidung? Woran wird man erkennen, dass das Problem nach der Entscheidung gelöst ist? Hier ist das breitere Denken oder das Denken in verschiedenen Ebenen mit Blick auf die Organisation von Vorteil, um den Kontext des Problems, für das eine Entscheidung getroffen werden muss, genauer zu sehen.

❖ WER kann diese Entscheidung treffen? Ist die angefragte Führungsperson die richtige? Liegt der Entscheidungskontext in ihrem Führungsbereich – oder muss die Entscheidung vielleicht nach oben delegiert werden? Oder kann sie vielleicht in einer anderen Ebene, vielleicht von den Betroffenen selbst entschieden werden?

c) Zielperspektive bewusst halten:

❖ WORAUF HIN muss entschieden werden? Betrifft das Ziel der Entscheidung vielleicht Ziele der Organisation oder der Abteilung – um z. B. die Zahl der verkauften Blumensträuße zu erhöhen? Betrifft die Entscheidung Mitarbeiter*innen, die z. B. mehr soziale Begegnungsräume brauchen, um im informellen Rahmen ihrer Kreativität freien Lauf lassen zu können? Betrifft es die Führungskraft, die mehr Einbindung in übergeordnete Beratungsgremien braucht, um ihre Entscheidungen in einem größeren Kontext betrachten und treffen zu können?

ENTSCHEIDUNGEN GEMEINSAM TREFFEN

Gruppen entscheiden – meistens – besser. Besonders dann, wenn in einer offenen Diskussion alle Stellung nehmen dürfen, die die Entscheidung mittragen sollen. Wenn nicht die Autorität der Position, sondern die Autorität des besseren Arguments zählt. Dann liegen Gelingen oder Scheitern, Erfolg oder Misserfolg eines Anliegens nicht nur bei der Vorgesetzten, sondern bei der ganzen Abteilung, beim ganzen Team oder im entsprechenden Gremium.

Entscheidungen im Modus der einsamen Heldin im stillen Kämmerlein zu treffen, sind Modalitäten aus vergangenen Zeiten. Zunehmend komplexere Organisationen mit zunehmend komplexeren Entscheidungsfeldern benötigen den gemeinsamen Blick auf Lösungsmöglichkeiten. Die Führungskraft, die Entscheidungen gemeinsam mit dem Team trifft, tritt als moderierende Leiterin auf.

Folgende Aspekte sprechen für eine gemeinschaftliche Entscheidung

❖ *Gruppen entscheiden (meist) besser* als Einzelpersonen, weil sie einen differenzierteren Blick auf die Problemlage eröffnen.

❖ *Partizipation erhöht die Motivation* und die Identifikation der Betroffenen mit den getroffenen Entscheidungen, weil nicht über ihre Köpfe hinweg entschieden worden ist, sondern alle Beteiligten mitverantwortlich sind, welche Entscheidung getroffen wird.

❖ *Argumente* erweisen sich langfristig als viel *stärkere und nachhaltigere* Entscheidungskriterien als das pure Einsetzen von Autorität oder Position in einer Organisation („Wir machen das jetzt so, weil ICH das sage!").

❖ *Alle Stimmen zu hören* (v. a. auch der Schweiger*innen, der Jüngsten, auch der „Komischen" einer Organisation), eröffnet oft ungeahnte Möglichkeiten und Blickpunkte, die dem Entscheidungsprozess eine neue Richtung geben können.

❖ *Demokratie und Beteiligung* kann im Großen nur gelingen, wenn sie *im Kleinen geübt* wird. Organisationen wirken als Teil einer Gesellschaft in diese hinein – auch über die Art, wie Entscheidungen getroffen werden.

❖ *Diversität*, also die bunte Mischung der Beteiligten – in Alter, Geschlecht, ethnischer oder religiöser Herkunft, Begabung, Ausbildung oder Rangordnung – führt bei Entscheidungsprozessen zu einer differenzierteren Herangehensweise an das zu lösende Problem. Diversität in Entscheidungsprozessen führt nachgewiesenermaßen zu nachhaltigeren, zufriedenstellenderen und wirtschaftlich positiveren Ergebnissen gegenüber Entscheidungen, die nur von einer Person oder einer homogenen Personengruppe (z. B. alte, weiße Männer) getroffen worden sind.

Bei der Frage nach Entscheidungen im Führungskontext wird die Spannung sichtbar, in der Vorgesetzte stehen: Sie sollen einerseits verbinden, die innere Beziehung zwischen der Organisation und ihrer Belegschaft pflegen, sich dazu auch um die äußeren Beziehungen zu Kunden, Lieferantinnen, Eigentümer*innen und weiteren Stakeholdern sorgen. Zugleich müssen Vorgesetzte aber auch entscheiden, scheiden, trennen, für die Wahl einer der möglichen Varianten sorgen – um Komplexitäten zu reduzieren, Unsicherheiten zu klären und dadurch dafür zu sorgen, dass die Beziehungen und Rahmenbedingungen so gestaltet sind, dass Mitarbeiter*innen ihre Aufgaben mit Blick auf das Ziel der Organisation erfüllen können. Führung bedeutet also, zwischen den Stühlen zu sitzen, diese Spannungen auszubalancieren und das Risiko von Fehlentscheidungen auf sich zu nehmen. Zu glauben, dass Führungsarbeit trivial ist und es dafür einfache Rezepte gibt, ist naiv. Denn – so wünschenswert es auch ist: *Den* ultimativen Tipp für die Lösung aller komplexen Führungsaufgaben gibt es nicht.

WER SOLL WANN WAS ENTSCHEIDEN?
STUFEN DER BETEILIGUNG

Die Idee, Entscheidungen gemeinsam im Team oder mit mehreren Beteiligten zu treffen, führt oft sofort zur Sorge, dass vor lauter Beteiligung und nie enden wollenden Diskussionen keine Entscheidung mehr möglich ist. Falsch verstandene Basisdemokratie schwebt vielen Führungskräften als Horrorvorstellung vor Augen.

Wichtig ist zu bedenken, dass es nicht nur eine Alles-oder-nichts-Beteiligung gibt. Beteiligung von Personen soll in Stufen gedacht werden: Wann macht es – mit Blick auf die Zielerreichung, die Konsequenzen für die Betroffenen und Lösung des Problems – Sinn, Gruppen oder Personen in den Entscheidungsprozess einzubeziehen? Beteiligung oder Partizipation wird gerne in Stufen gedacht:

Nicht-Partizipation:

❖ Mitarbeiter*innen werden *instrumentalisiert*. Sie sind z. B. im Raum, dürfen aber nur zuhören.

❖ *Anweisungen* werden gegeben, z. B. wer wann applaudieren oder das Fähnchen schwenken soll.

Vorstufen der Partizipation:

❖ *Information* von Mitarbeiter*innen wird gegeben, die eigene Meinung wird aber nicht abgefragt.

❖ *Anhörung*: Die Meinung der Mitarbeiter*innen wird abgefragt, eine gemeinsame Diskussion ist aber nicht angedacht.

❖ *Einbeziehung*: Mitarbeiter*innen werden in den Entscheidungsprozess aktiv z. B. mit ihrer Meinung und ihren Vorschlägen einbezogen, sie dürfen aber nicht abstimmen oder zum Finden einer Entscheidung aktiv beitragen.

Partizipation:

* *Mitbestimmung* der Mitarbeiter*innen ist erwünscht, ihre Stimmen werden ernst genommen, sie dürfen bei Teilprozessen mitstimmen.

* *Teilweise Entscheidungskompetenz* wird gegeben – die Mitarbeiter*innen dürfen den Prozess mitgestalten und auch mitentscheiden. Die Führungskraft zieht sich im Prozess weit zurück, trägt aber weiterhin die Letztverantwortung.

* *Entscheidungsmacht* liegt bei den beteiligten Personen, sie gehen den ganzen Entscheidungsprozess gemeinsam mit der Führungskraft. Diese ist eine unter mehreren Mitwirkenden im Entscheidungsprozess.

Mehr als Partizipation:

* *Selbstorganisation*: Hier sind alle Teilnehmer*innen eines Entscheidungsprozesses gleichrangig, die Konsequenzen der Entscheidung werden von allen getragen. Es gibt keine aufgrund ihrer Position letztverantwortliche Person.

Die Stufen der Beteiligung der Mitarbeiter*innen sind gleichzusetzen mit den Stufen des Führungskontinuums, bei dem sowohl Entscheidungskompetenz als auch Führungsverantwortung schrittweise an Mitarbeiter*innen abgegeben wird. Es beleuchtet die Dimension der Teil*gabe* von Macht von der Seite der Führungskraft her, also die Frage, wann eine Führungskraft wie viel und welche Dimensionen ihrer Entscheidungsmacht an andere abgibt.

FÜHRUNGSKONTINUUM

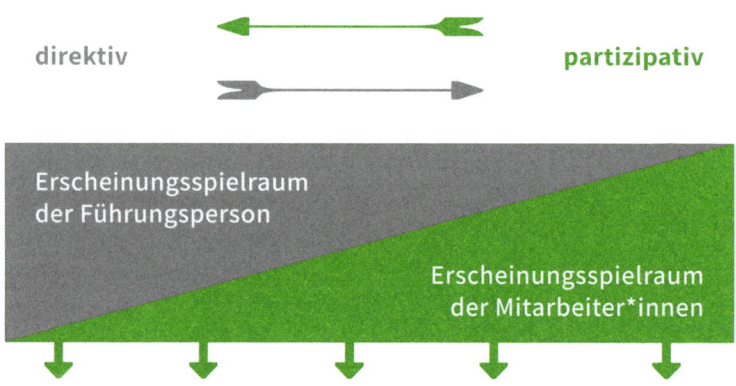

direktiv   **partizipativ**

Erscheinungsspielraum
der Führungsperson

Erscheinungsspielraum
der Mitarbeiter*innen

Ob und wann Teamarbeit und Kooperation auch in Entscheidungsprozessen gelebt werden soll, wird in diesem Bild von der Vorgesetzten entwickelt. Das „System Führung" kann jedoch nie nur von
einer Person bewerkstelligt werden. Es besteht aus allen offiziellen
Führungskräften, informellen Leitungspersonen (z. B. dienstältere
und erfahrene Mitarbeiter*innen), aus Führungsstrukturen (wie z. B.
Team-Meetings oder Entwicklungsgesprächen), gelebter Führungskultur (wenn z. B. zu lösende Probleme regelmäßig und beteiligungsorientiert im Team der Betroffenen besprochen werden) sowie den
Ressourcen für Führung selbst (wie z. B. Macht, Zugang zu Finanzmit-
teln, kurze Kommunikationswege innerhalb der Organisation). Das
Zusammenspiel dieser Elemente des „System Führung" wird eine
Führungskraft selbst entwickeln und am Leben halten.

Hilfreich für beteiligungsorientierte Entscheidungen ist es, gemeinsam mit Teams oder anderen Führungskräften ein Führungs-Leitbild
zu entwickeln, in dem z. B. Grundregeln gemeinsamer Entscheidungen festgelegt werden können. Leitend dafür ist der Wandel weg von
einer steilen Hierarchie, an deren Spitze der einsame Held thront, hin

zur modernen Führung, bei der Mitarbeiter*innen als Ressourcen geschätzt werden.

ENTSCHEIDUNGEN ZEIGEN, WES GEISTES KIND SIE SIND …

An Entscheidungen werden Haltungen und Werte sicht- und greifbar, die in der konkreten Umsetzung konkrete Auswirkungen auf Menschen, Tiere und die gesamte Mitwelt haben.

Wenn sich z. B. eine Lebensmittelkette dafür entscheidet, allem Sparzwang zum Trotz in allen Filialen ökologisch nachhaltiges Putzmittel zu benutzen um die Haut der Reinigungskräfte sowie das Abwasser und dadurch die Gewässer und Meere zu schützen, kann sie sich diese Entscheidung sogar als Werbung auf die Fahnen heften, da durch diese Entscheidung der Wert „Erhaltung der Mitwelt" – oder christlich gesprochen „gelebte Schöpfungsverantwortung" – in konkrete Taten übersetzt wird.

Auch die Art, wie Entscheidungen getroffen werden, zeigt, welcher Geist im Unternehmen herrscht: Wenn z. B. – wie in Benediktinischen Klöstern aufgrund ihrer Ordensregel empfohlen – nicht nur Alte, Erfahrene oder mit mehr Verantwortung ausgestattete Personen, sondern bewusst auch die Jüngsten und Unerfahrenen in Entscheidungsprozesse eingebunden und darin zuerst angehört werden, werden Haltungen wie Wertschätzung, Transparenz oder Partizipation in die Tat umgesetzt.

Im Sinne christlicher Werthaltungen ist außerdem die Frage nach möglichen Konsequenzen für die Schwächsten einer Gruppe, Organisation oder Gesellschaft erforderlich: Im Sinne des Jesus von Nazareth ist nicht jene Entscheidung die beste, die – hauptsächlich oder ausschließlich – den materiellen Gewinn einer Organisation vermehrt oder vorrangig Aktieninhaber*innen glücklich macht. Christlich inspirierte Führungskräfte sind angehalten, im Entscheidungsprozess auch jene zu berücksichtigen, die unter den direkten und indirekten Konsequenzen einer Entscheidung leiden könnten. Der Blick auf das Wohlergehen der von Entscheidungen Betroffenen verweist auf Werte und Haltungen, die in einer Organisation herrschen.

SOZIOKRATIE – MEHR ALS DEMOKRATIE

Soziokratie geht aus von der Gleichberechtigung von Induviduen und beruht auf dem Prinzip des „Konsent". Diese Gleichberechtigung wird im Unterschied zur Demokratie nicht durch den Grundsatz „ein Mensch – eine Stimme" verkörpert, sondern durch den Grundsatz, dass eine Entscheidung nur getroffen werden kann, wenn niemand der Anwesenden einen schwerwiegenden und begründeten Einwand mit Blick auf die gemeinsamen Ziele hat. Soziokratie gibt der Mehrheit in Gruppenentscheidungsprozessen weniger und dem Einzelnen mehr Macht als klassische Demokratie (in der Entscheidungen auch mit 50 % plus eine Stimme getroffen werden können – wobei 49 % aller Betroffenen mit der Entscheidung nicht einverstanden sind). Daher wurde sie von ihren Begründer*innen als der nächste Schritt nach der Demokratie gesehen.

Bei soziokratisch getroffenen Entscheidungen wird nicht gefragt, ob jede bzw. jeder einem Vorschlag zustimmt, sondern ob jemand dagegen ist. Eine bloße Missbilligung des Antrages („ich bin dagegen") reicht nicht aus. Jeder Einwand muss mit einem triftigen Argument begründet werden. Dieses Argument wiederum hilft dabei, eine verfeinerte Lösung zu finden, die dieses Argument berücksichtigt.

Soziokratie beruht damit nicht auf dem Konsensprinzip (alle sind der gleichen Meinung), sondern auf dem Konsentprinzip (alle geben ihr Einverständnis), was bedeutet, dass sich nicht alle Teilnehmer*innen einig sein müssen, aber ihren *Konsent* (ihr Einverständnis) zu einer Lösung geben.

a) Alle werden gehört

Was die Haltung einer beteiligungsorientierten Führungskraft generell sein sollte, wird im soziokratischen Entscheidungsprozess besonders hervorgehoben: Alle Mitglieder eines Entscheidungsgremiums werden gehört. Jede Stimme ist wichtig. So wird gerne reihum gearbeitet, so dass alle Anwesenden sowohl mit Blick auf Argumente und Informationen wie auch mit Blick auf ihre Meinung und Stimmung zu Wort kommen können. Sollte in der Entscheidungsgruppe eine Vorgesetzte anwesend sein, soll diese immer als Letzte zu Wort kommen – denn diese Wortmeldung hat naturgemäß mehr Gewicht als die der anderen. Wird sie aber zuletzt gehört, dann ist die Gefahr geringer, dass sich alle anderen an der Aussage der Führungskraft orientieren – und ihre eigene Meinung oder ihr Wissen weniger wertschätzen und verschweigen.

b) Zielformulierungen

Besonders in soziokratischen Entscheidungsprozessen ist es wesentlich, das gesetzte Ziel, auf das hin eine Entscheidung getroffen werden soll, so konkret und genau wie möglich zu formulieren. Je unklarer das Ziel, desto schwammigere Entscheidungen werden getroffen. Deshalb ist es wichtig, am Beginn des Prozesses einen gut formulierten Vorschlag einzubringen, der von allen Beteiligten im vorgegebenen Modus diskutiert wird.

c) Meinung und Information getrennt behandeln

Eine Meinung zu einem Thema zu finden ist oft sehr leicht. Und ebenso oft werden Meinungen mit Argumenten vermischt, so dass eine sachliche Diskussion nur schwer möglich ist. In soziokratischen Entscheidungsprozessen wird streng darauf geachtet, dass Information und Meinung getrennt voneinander behandelt werden.

❖ *Zuerst alle Informationen und Fakten*: Bei der soziokratischen Entscheidungsfindung werden in einer ersten Runde alle verfügbaren Informationen gesammelt und ausgetauscht. Ziel ist es, dass sich jede bzw. jeder Anwesende ein möglichst klares Bild des Problemzusammenhangs, der Fragestellung oder des bereits vorbereiteten Vorschlags zur Zielerreichung formen kann. Es kann sich herausstellen, dass noch zu wesentliche Informationen und Daten fehlen, um bereits zu einer Entscheidung gelangen zu können. Dann müssen diese Informationen eingeholt und die Entscheidung vertagt werden.

❖ *Erst dann Meinungen und Gefühle*: Erst nachdem alle Informationen gesammelt und ein klares Bild geformt wurde, werden alle dazu befragt, was sie nun zu dem Thema denken, wie es ihnen mit dem eingebrachten Vorschlag geht und was ihr Bauch dazu sagt. Eine bewusst abgefragte zweite Runde der Meinungsäußerung ermöglicht, die eigene Meinung zu verändern. Das ist kein Zeichen von Wankelmütigkeit, sondern von der Fähigkeit, die eigene Meinung angesichts des Gehörten zu verändern, weil beim Zuhören gelernt wurde.

d) Leichter oder schwerer Einwand?

Nachdem alle Informationen eingeholt und alle Meinungen (zweimal) gehört worden sind, ist es an der Zeit zu prüfen, ob und welche schwere Einwände gegen den (eventuell feiner formulierten) Vorschlag vorliegen. Das Wesen soziokratischer Entscheidungen ist nämlich nicht, die Zustimmung aller einzuholen (ein einziges Veto könnte das ganze Vorhaben kippen), sondern Einwände zu hören und ernst zu nehmen. Immer mit Blick auf das gemeinsame Ziel.

Bei soziokratischen Entscheidungsprozessen wird zwischen leichten und schwerwiegenden Einwänden unterschieden:

❖ Ein *leichter* Einwand liegt vor, wenn relevante Einwände, Bedenken, Schwächen, Fragen oder offene Punkte benannt werden, die allen Beteiligten zumindest bekannt sein und die im Prozess der Umsetzung der Entscheidung berücksichtigt werden sollten.

❖ Ein *schwerwiegender* Einwand liegt vor, wenn durch den Vorschlag das Erreichen des übergeordneten Zieles gefährdet ist.

Ein nachvollziehbar argumentierter, schwerwiegender Einwand führt zur Überarbeitung des Vorschlags oder zum Aussetzen eines Entscheidungsprozesses.

DAS BESSERE WÄHLEN. IGNATIANISCH INSPIRIERTE ELEMENTE EINES ENTSCHEIDUNGSPROZESSES

Im ignatianischen Sinn, also im Geist des Heiligen Ignatius von Loyola, wird eine Entscheidung zwischen gut und besser getroffen. Denn eine Entscheidung, die zwischen gut und schlecht getroffen wird, wäre keine Entscheidung, sondern eine Dummheit. Wer trifft schon bei klarem Verstand und mit guten Gründen eine schlechte Entscheidung?

In ignatianisch inspirierten Entscheidungsprozessen wählen die Beteiligten zwischen unterschiedlichen Varianten als Möglichkeiten, das gesetzte Ziel zu erreichen. Dabei gilt es, mithilfe von Argumenten, Fakten und Gefühlen die bessere von mehreren Varianten zu wählen.

In Varianten zu denken geht davon aus, dass es – neben der Fortführung des aktuellen Zustandes – immer mehrere Varianten gibt, die mit Blick auf das Ziel erfolgreich sein können.

Folgende Schritte sind dabei hilfreich:

a) Mit Blick auf das Ziel des Entscheidungskontextes verschiedene gute *Varianten* als Wege zum gleichen Ziel zu *suchen.*

b) Auch den *status quo* („alles bleibt so, wie es ist") als mögliche Variante einzubeziehen hilft, das Gute des aktuellen Zustandes im Blick zu behalten.

c) Zuerst die *Stärken*, Chancen, Potenziale, Daten und Fakten *jeder* Variante benennen.

d) Erst danach die *Schwächen*, Risiken, Gefahren, Daten und Fakten *jeder* Variante benennen.

e) *Beim gemeinsamen Abwägen*, welche der Varianten die jeweils bessere ist, die Argumente mit besonderem Gewicht hervorheben (z. B. kann mit Blick auf den Betriebsausflug das Argument, dass alle Mitarbeiter*innen mitmachen können, stärker gewichtet werden als das Argument, dass der Ausflug möglichst actionreich sein soll).

f) Nach der Sichtung aller Varianten mit ihren Argumenten gemeinsam *die beste der Varianten wählen.*

Im ignatianisch inspirierten Entscheidungsprozess ist es wichtig, folgende Aspekte zu berücksichtigen:

a) Durch die *zeitliche Trennung der Arbeit an den Stärken* aller Varianten *und den Schwächen* aller Varianten wird ein *Ja-aber* im Kopf *vermieden* (die übliche Argumentation, dass „dieses Argument gut ist, aber dagegen spricht ...", schwächt das positive Argument und gibt der Schwäche der Variante mehr Gewicht als sie haben sollte).

b) Die *Grundhaltung des Hörens* ist bei diesem Entscheidungsweg zentral. Hören meint dabei das Hören aufeinander – das allerdings erst dann gelebt werden kann, wenn alle immer auch auf sich selbst hören. Der Haltung des Hörens liegt zugrunde die Bereitschaft, dass alle erzählen dürfen, was sie zu sagen haben, sowie dass jeder Beitrag jeder Person als wichtig betrachtet wird.

c) Es ist vorteilhaft, die *Haltung innerer Freiheit* gegenüber den zu erarbeitenden Varianten einzuüben. Wo alles schon gewusst wird, gibt es keine neuen Lösungen – erst innere Freiheit gegenüber dem Ausgang der Entscheidung ermöglicht einen gemeinsamen Prozess der Meinungsbildung. Innere Freiheit („Indifferenz") bedeutet in diesem Zusammenhang keine Gleichgültigkeit gegenüber der Situation, sondern *möglichst große Freiheit gegenüber inneren Festlegungen.* Erst dadurch ist es möglich, sich auf Neues oder Ungewohntes einzulassen. Es geht darum, der Überraschung einer nicht gedachten Wendung des Prozesses eine Tür offen zu halten.

d) Oft werden Entscheidungen unter Zeitdruck getroffen. Trotzdem – oder gerade deshalb – ist es wichtig, sich möglichst immer wieder Zeiten der *Stille*, des Gebets, der Meditation oder des Spazierens in der Natur zu suchen, um in der Suche nach der besten aller Varianten den Kopf klar und das Herz offen zu halten.

e) Auch wenn bei Entscheidungen Fakten, Zahlen und Argumente das Hauptgewicht haben, ist es auch förderlich, *Gefühle und spontane Regungen* in den Entscheidungsprozess einzubeziehen. *Gefühle sind Informationsträger* und vermitteln sich dabei häufig über körperliches Spüren und Erfahren. Gerade weil Entscheidungen in unentscheidbaren Situationen getroffen werden müssen, wo allzu oft reine Fakten nicht weiterführen, ist die Achtsamkeit auf Gefühle hilfreich – sie können den Weg in eine Richtung weisen, die mit dem Blick nur auf *hard facts* übersehen wurde. Denn Emotionen bestimmen den gemeinsamen Entscheidungsprozess immer mit – bewusst oder unbewusst!

f) Wurde eine Variante als bester Weg zur Zielerreichung gewählt, gibt es immer noch die Möglichkeit, genannte *Stärken einer anderen Variante* in die gemeinsam gewählte Variante *einzubauen,*

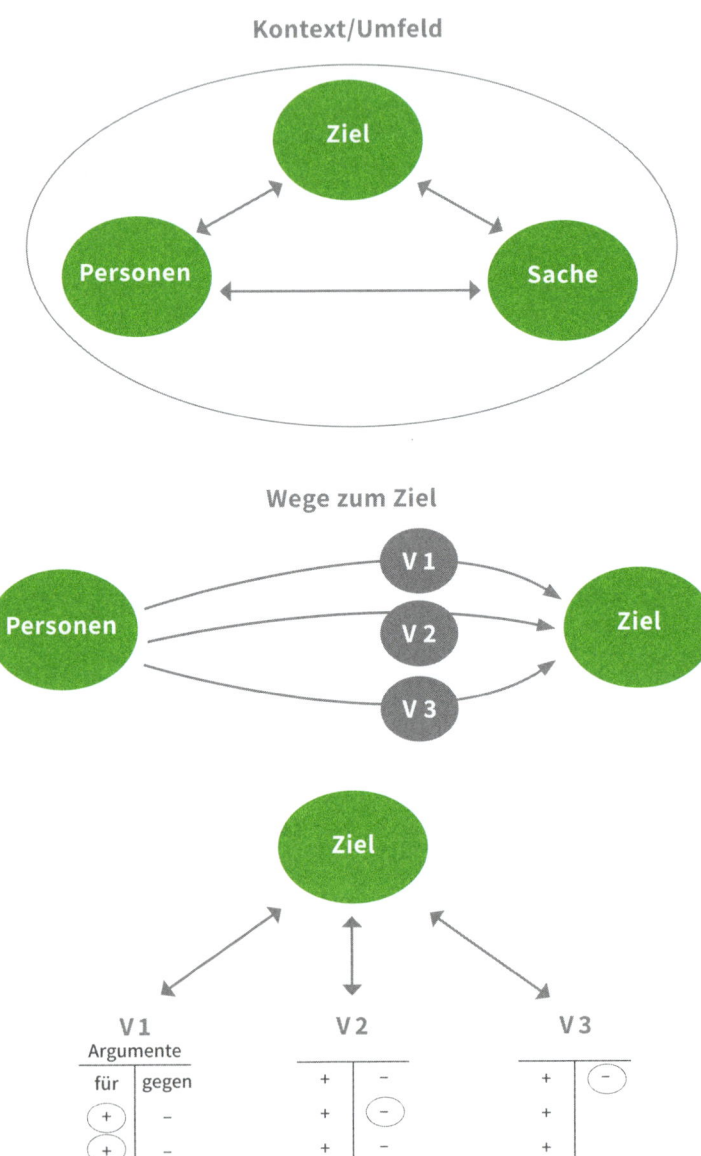

die gewählte Variante also aus anderen Varianten heraus zu stärken und zu verdichten. (Wenn z. B. der Betriebsausflug so gewählt wurde, dass auch jene mitfahren können, die nicht gut zu Fuß unterwegs sind, trotzdem ein Angebot für jene miteinplanen, die einen steilen Weg gehen wollen.)

g) Wurde eine Variante als bester Weg zur Zielerreichung gewählt, ist es wichtig, die in der gewählten Variante *genannten Schwächen deutlich herauszustreichen.* Sie gilt es besonders zu beachten, um voraussehbare Fehler zu vermeiden.

Folgende Fragen können helfen, um gemeinsam bessere Entscheidungen zu treffen:

○ *Welcher beteiligungsorientierte Entscheidungsprozess war nachhaltig erfolgreich? Warum?*

○ *Wann – und wie sehr – soll ich Mitarbeiter*innen bei Entscheidungen einbeziehen? Wann nicht bzw. wie wenig?*

○ *Was hindert mich, bei Entscheidungen Mitarbeiter*innen einzubeziehen?*

Merksätze

☞ Gemeinsam getroffene Entscheidungen sind meist bessere Entscheidungen, die von allen mitgetragen werden können.

☞ In Varianten zu denken hilft, aus dem Schwarz-weiß-Denken heraustreten zu können.

☞ Entscheidungen werden nicht nur mit dem Kopf, sondern auch mit dem Bauch getroffen.

☞ Es gibt auch Schein-Partizipation!

☞ Unglück entsteht weniger aus Fehlentscheidungen als aus fehlenden Entscheidungen.

2. Hast du mal kurz Zeit für mich?

Zeitmanagement

„Ich möchte eine Kultur der offenen Bürotür leben, dass meine Mitarbeiter*innen wissen, dass ich immer für sie da bin. Daher habe ich meine eigene Tür immer offen und meine Mitarbeiter*innen nützen das gut. So werde ich aber ständig unterbrochen und komme sehr oft nicht zu dem, was ich eigentlich tun sollte. Ich kann mich einfach nicht konzentrieren. Daher bleibe ich oft abends länger im Büro, weil es dann ruhig ist und mich niemand mehr stört."

Diese Aussage eines Leiters einer größeren Organisation spiegelt das Dilemma, in dem viele Führungskräfte stecken wider: Einerseits möchten sie ihre Aufgabe der Führung von Menschen ernst nehmen. Zugleich haben sie aber auch Tätigkeiten zu erledigen – z. B. Mails zu beantworten oder Briefe zu verfassen, Konzepte zu entwerfen oder Dienstpläne zu schreiben, vertrauliche Mitarbeiter*innengespräche oder Telefonate mit öffentlichen Stellen zu führen – Tätigkeiten, die hohe Konzentration bzw. eine geschlossene Tür erfordern. Das Dilemma zwischen der führenden Zugewandtheit zur Belegschaft und der Konzentration auf weitere Führungsaufgaben gehört unweigerlich zum Job einer Vorgesetzten. Diese Zerrissenheit zwischen mehreren Aufgaben, die ihnen wichtig und die zu erledigen sind, kennen alle Menschen sehr gut, die die tägliche Balance zwischen Kindererziehung, Hausarbeit, Partnerschaft und ehrenamtlichem Engagement zu halten haben. Mit dem Dilemma zwischen Menschenzugewandtheit und Konzentration auf Tätigkeiten muss bewusst umgegangen werden.

UNTERBRECHUNGEN ALS DILEMMA

Das Dilemma von Vorgesetzten besteht oft darin, dass die geschlossene Bürotür von ihnen selbst und – so ihre Vermutung – auch von ihrer Belegschaft als Zurückweisung interpretiert wird. Manche Organisationen finden über transparente Bauweisen – etwa Glaselemente in oder neben der Tür – eine Form, mit diesem Dilemma umzugehen. Ganz lösen lässt es sich aber auch dadurch nicht. Manche empfinden diese physische Transparenz nämlich nicht nur als vorteilhaft, da durch die Glaselemente die Möglichkeit des vollkommenen Rückzugs – etwa bei schwierigen Gesprächen – erschwert bis verunmöglicht wird.

Mitarbeiter*innen erleben es als hilfreich, wenn ihre Vorgesetzten offen darlegen, wie sie das Dilemma zwischen Menschenzugewandtheit und Notwendigkeit der Erledigung konzentrierter Aufgaben hinter verschlossenen Türen erleben – und wie sie damit umzugehen gedenken.

Aus der Erfahrung zeigen sich folgende Hinweise als hilfreich im Umgang mit diesem Dilemma zwischen dem Wunsch nach einer offenen und der Notwendigkeit einer – wenigstens zeitweise – geschlossenen Bürotür:

❖ *Türhängeschild*: Sehr deutlich machen kann ein Hängeschild an der Tür, wie lange bzw. bis wann die Tür verschlossen bleiben und die Person dahinter nicht gestört werden sollte. Ähnlich einer Parkuhr ist es hilfreich, konkrete Zeiten sichtbar zu machen („bis 14:30") statt Zeitdauern („in ½ Stunde").

❖ *Zeiten der offenen Tür*: Neben dem Hinweis, wann nicht gestört werden soll, ist ebenso wichtig, auf explizit erwünschte Zeiten hinzuweisen, zu denen Mitarbeiter*innen mit ihren Anliegen ins Büro kommen können. Diese Zeiten der offenen Tür sollten sich sowohl am Arbeitsrhythmus der Vorgesetzten wie auch an Arbeitsabläufen der Organisation orientieren. Ist z. B. eine Führungskraft am Vormittag besonders produktiv und kann in kurzer Zeit Aufgaben konzentriert erledigen, die am Nachmittag schwerfallen, dann ist es klug, die Zeiten der offenen Tür in den Nachmittag zu legen. Wenn umgekehrt eine Abteilung viele Teilzeitkräfte beschäftigt, die hauptsächlich vormittags anwesend sind, ist es wenig sinnvoll, die Zeiten der offenen Tür auf den Nachmittag zu legen.

❖ *Absprache mit Sekretär*in:* Hat eine Vorgesetzte das Glück, auf eine*n Sekretär*in zugreifen zu können, dann ist die Information für ihn bzw. sie hilfreich, in welchem Zeitraum nun nicht gestört wird. Damit kann im Vorfeld bei Anfrage geklärt werden, wann die Chefin gestört werden kann oder ob eine Unterbrechung unaufschiebbar ist.

CHECKLISTE BEI UNTERBRECHUNGEN

Im Umgang mit spontanen Unterbrechungen ist es wichtig, sich bewusst zu machen, dass es unterschiedliche Dringlichkeitsstufen gibt. Sehr viele Anfragen an eine Vorgesetzte können ebenso per Mail oder zu einem späteren Zeitpunkt direkt gestellt werden. Wieder andere Probleme sind im Augenblick und nur von der Vorgesetzten zu entscheiden – was eine Störung unvermeidlich macht. Um welche Stufe der Dringlichkeit es sich jeweils handelt, das können natürlich nur die Mitarbeiter*innen selbst entscheiden. Im Letzten sind es also sie selbst, die dafür verantwortlich sind, ob sie die Chefin nun stören oder nicht.

Eine Vorgesetzte, die die Kultur der offenen Tür großzügig lebt, muss sich bewusst sein, dass jede Unterbrechung, auch nur eine kurze Anfrage, die abgenickt werden kann, eine Folge hat, die sich auf die eigene, gerade unterbrochene Tätigkeit auswirkt: Die Vorgesetzte muss sich in die gerade ausgeübte Tätigkeit wieder hineindenken, muss wieder den Anschluss an das Davor finden. Hat sie sich z. B. beim Formulieren eines komplizierten Satzes unterbrechen lassen, muss sie z. T. länger nachdenken, um „den Gedankenfaden" wieder zu finden und den Satz entsprechend fertigformulieren zu können.

Gerade bei komplizierteren oder komplexeren Tätigkeiten verschlingt eine Unterbrechung viel mehr Zeit, als sie selbst gedauert hat.

Eine Vorgesetzte, die zu oft in ihren Arbeiten unterbrochen wird, kann mit Hilfe folgender Checkliste die eigene Zuständigkeit bzw. Notwendigkeit der Unterbrechung klären:

- Bin ich überhaupt zuständig? Oder muss ich an eine andere Person verweisen, die dafür zuständig ist?
- Ist die Anfrage wichtig? Oder kann ich sie schlicht ablehnen?
- Ist die Anfrage dringend? Oder kann ein Termin vereinbart werden?
- Muss ich die Aufgabe selbst erledigen? Oder kann ich sie delegieren?
- Muss ich die Aufgabe in der geforderten Art erledigen? Oder geht es auch effizienter, weniger aufwändig?
- Oder muss ich diese Aufgabe so und sofort erledigen?

TAGES- UND WOCHENPLAN

Gerade weil eine Führungskraft sehr viel mit Unplanbarem und Unvorhergesehenem zu tun hat, ist es wichtig, die Arbeitszeiten zu planen. So wie Kernzeiten bei Gleitzeitmodellen angeben, wann die Belegschaft im Unternehmen anwesend ist, so wie Dienstpläne sichtbar machen, wann wer in welcher Station anwesend zu sein hat, so ist es besonders für Führungskräfte wichtig, ihren Tag und ihre Wochen, das Monat und das Jahr zu planen, einen Kalender zu führen über erwartbare, fixierte und regelmäßige Tätigkeiten, die im Rahmen der Erwerbsarbeit zu tun sind.

Geplant werden kann nach der ALPEN-Faustregel:

A = Aufgaben festlegen

L = Länge der Aufgabe abschätzen

P = Pufferzeiten einplanen

E = Entscheidungen treffen (z. B. was dringend/wichtig ist)

N = Nachkontrolle durchführen (z. B. über die reale Länge der Aufgabe)

Auf welche Weise ein Kalender geführt wird, ob digital oder analog, ob nur mit dem Vermerk der Termine und Tätigkeiten oder mit Platz für Beschreibungen oder To-do-Listen – all das sind Fragen des persönlichen Geschmacks. Manche Firmen haben elektronische Kalender, die geteilt werden müssen. All jene Führungskräfte, die über eine*n Sekretär*in verfügen, sollten wenigstens mit dieser Person ihre Termine teilen, damit bei Anfragen Auskunft gegeben werden kann über An- bzw. Abwesenheiten der Vorgesetzten.

Gängige Fehler bei der Terminplanung sind, zwar die Termine einzutragen, nicht aber

a) Fahrzeiten, wenn es sich um einen externen Termin handelt,

b) Vorbereitungszeiten, z. B. für Sitzungen oder Mitarbeiter*innen-Gespräche,

c) Nachbereitungszeiten für jene Arbeiten, die gerade für Führungskräfte aus jeder Sitzung erwachsen.

DRINGEND ODER WICHTIG? PRIORISIERUNG VON AUFGABEN

Im Dschungel der Aufgaben Prioritäten zu setzen ist wesentlich, wenn eine Führungskraft souverän über die eigene Zeit bestimmen will. Oft scheinen alle Aufgaben auf der To-do-Liste gleich dringend zu sein – was unweigerlich zu Druck und Stress führt. Die Erfahrung zeigt jedoch: Eilige Dinge sind selten wichtig. Wichtige Dinge hingegen sind selten eilig. Zwischen wichtig und dringend zu unterscheiden ist stressreduzierend und bringt mehr Klarheit in den Tag und in die Arbeitswoche. Die Kunst dieser Unterscheidung ist für alle Menschen wichtig, die eine Vielzahl von Aufgaben zu erledigen haben – also nicht nur für eine Führungskraft.

❖ Als *wichtig* werden jene Aufgaben eingeordnet, die mit Blick auf das *Ziel* bedeutend sind. Wobei die Einstufung darüber, wie wichtig Aufgaben tatsächlich sind, von der Führungskraft selbst bestimmt werden muss.

❖ Als *dringend* werden jene Aufgaben eingeordnet, die in einem bestimmten *Zeitraum* zu erledigen sind. Je näher z. B. ein Abgabetermin rückt, umso dringlicher werden Aufgaben. Die Dringlichkeit einer Aufgabe wird zwar sehr oft von anderen Menschen unterstrichen – kann für die Führungskraft selbst jedoch ganz anders eingeordnet werden.

Von der „Tyrannei des Dringlichen" wird dann gesprochen, wenn alle Aufgaben als gleich wichtig und dringlich wahrgenommen werden – was dann passiert, wenn man sich im Stress keine Zeit dafür nimmt, die Aufgaben zu ordnen und entsprechend zu priorisieren.

Nur wer zwischen dringlich (Zeit) und wichtig (Ziel) unterscheiden kann, kann Prioritäten setzen – und den Aufgaben den Stellenwert geben, den sie haben.

Dem ehemaligen US-Präsidenten Dwight D. Eisenhower wird eine Matrix zugeschrieben, die sehr hilfreich ist, um die Vielzahl der Aufgaben einzuordnen und zu priorisieren. Er teilt Aufgaben ein in die Quadranten „dringend – aber nicht wichtig", „wichtig – aber nicht dringend", „wichtig und dringend" sowie „nicht wichtig und auch nicht dringend". Die Konsequenzen aus dieser Einordnung liegen zwischen dem unverzüglichen Erledigen der Aufgabe, dem Delegieren von Tätigkeiten und dem Liegenlassen – im Wissen, dass sich viele Dinge von selbst erledigen.

PLANUNGSZEITEN EINPLANEN

Um den Überblick zu behalten über die Summe der Arbeitspakete, die einen Tag, eine Woche füllen, ist es hilfreich – ähnlich wie bewusst gesetzte Unterbrechungen –, sich Planungszeiten einzutragen, um das Hamsterrad des Alltags bewusst zu verlassen und den Überblick über die nötigen Tätigkeiten zu behalten.

Um klar und geordnet in den Tag hineinzugehen ist es hilfreich, in der Früh nicht blind in die erste sich bietende Aufgabe hineinzufallen oder unkontrolliert sich von der ersten Anfrage einer Kollegin in Beschlag nehmen zu lassen. Wenn möglich, sollte der Arbeitstag mit einem Blick auf die geplanten Tätigkeiten, Gespräche und Herausforderungen bewusst begonnen werden. Dadurch lässt sich der Überblick behalten, auch wenn der Tag sehr dicht wird und viele Aufgaben Schlag auf Schlag kommen.

Das Gleiche gilt für die Arbeitswoche. Wer sich am Montag bzw. zu Beginn der jeweiligen Arbeitswoche eine Viertel- bis eine halbe Stunde Zeit nimmt, um den Kalender bewusst durchzugehen – darauf, was einen erwartet, wo etwas schwierig werden könnte, wo Dinge noch vorbereitet oder im Vorfeld geklärt werden sollten –, wird strukturierter und bewusster durch die Woche gehen können. Der geplante Wochenrückblick wiederum hilft, sich bewusst zu halten, was alles erledigt, was warum verzögert oder verschoben worden ist.

UNGEPLANTES EINPLANEN

So sehr es für die Erreichung von Zielen hilfreich ist, Tätigkeiten zu planen, Gesprächstermine fixiert zu haben und Prozesse mit Terminen und Meilensteinen zu versehen, so sehr sind ungeplante Ereignisse Teil des Lebens – und des Erwerbsarbeitslebens.

Eine Krankheit, eine Zugverspätung, eine Schwangerschaft, ein höchst dringendes Elterngespräch, eine Lieferverzögerung, ein Unfall, der Tod eines Mitarbeiters oder eines Familienmitgliedes, eine plötzlich hereinbrechende Pandemie oder ein großes Unwetter – das Leben an sich ist nicht planbar, sondern ereignet sich prinzipiell dann, wenn man nicht damit rechnet. Auch wenn wir in unserer westlichen Welt alles möglichst genau geplant haben wollen und mit unvorhergesehenen Ereignissen oft nur sehr schwer umgehen können, ist Ungeplantes ein wesentlicher Teil des Lebens, auch des Arbeitslebens.

Was hier philosophisch anmutet, hat seine direkte Relevanz im Alltag einer Führungskraft. Gerade weil sie mit Menschen arbeitet, kann eine Vorgesetzte ihren Tag im Letzten ebenso wenig punktgenau planen wie ihre Arbeitswoche. Wer diesen Umstand des Lebens nicht ernst nimmt, wird sich selbst und den zu eng gesetzten Terminen ständig hinterherhecheln.

Daher ist es hilfreich, im Kalender auch Ungeplantes einzuplanen. Also nicht den Tag und die Woche bis auf die letzte Minute – oder sogar doppelt – zu verplanen. Kluge Führungskräfte und besonders jene, die über mehr selbst gestaltbaren Freiraum verfügen als andere, planen bis zu 30 % ihres Arbeitsvolumens für Unplanbares – sie lassen also bis zu 30 % ihres Kalenders terminfrei. Um am Ende des Tages nicht zu sehr ins Strudeln zu kommen, sondern die Ruhe bewahren zu können – eben, wenn jemand krank wird und ausfällt, eine Lieferung trotz aller Bemühungen zu spät eintrifft, wenn es im Verkehr zu Verzögerungen kommt oder höhere Mächte das eigene Planen durchkreuzen.

RÜCKSCHAU ALS SPIRITUELLE DIMENSION

„Sag ja zu den Überraschungen, die deine Pläne durchkreuzen und deine Träume zunichtemachen und deinem Tag – ja vielleicht deinem Leben – eine ganz andere Richtung geben. Sie sind nicht Zufall. Gib [Gott ...] die Freiheit, deinen Tag zu bestimmen."

Diese Aussage des Brasilianers Dom Hélder Câmara lenkt den Blick auf den Umgang mit Überraschungen.

Ein Tages- bzw. Wochenplan trägt eine spirituelle Komponente, insofern, wenn gerade im Rückblick auf das Getane nochmal bewusst überlegt wird, was gelungen ist und was nicht so geklappt hat. Dadurch kann verinnerlicht werden, was dazu beiträgt, dass die Führungsarbeit zur eigenen Zufriedenheit erledigt werden kann bzw. wo es Änderungen oder Hilfestellungen braucht, um die gesetzten Ziele zu erreichen.

Wenn man sich der wahrscheinlich kommenden Tätigkeiten und Begegnungen bewusst ist und geplant in den Tag und in die Woche geht, hilft dies, den Überblick zu halten und auch bei Unvorhergesehenem die Ruhe zu bewahren. Das gehört zu den wesentlichen Eigenschaften einer Führungskraft, die ihrem Team vor allem Klarheit und Ruhe vermitteln sollte.

„Innerliches Verkosten der Dinge" nennt der hl. Ignatius von Loyola dieses Rückschauen auf den Tag bzw. die Woche mit den darin wichtigen Ereignissen. Wer sich im christlichen Glauben beheimatet weiß, kann sich dabei auch fragen, wo und wie durch das eigene Tun als Führungskraft Menschen glücklicher, aufrechter, freier weitergegangen sind und wo und wie dadurch etwas von der befreienden Liebe Gottes in der Welt spürbar gemacht werden konnte.

Folgende Fragen können helfen, um mit Unterbrechungen umzugehen:

○ Was macht es mir schwer, was erleichtert es mir, mit Unterbrechungen gut umgehen zu können?

○ Von wem lasse ich mich besonders oft unterbrechen? Warum?

○ Was hilft mir, meinen Tag, meine Woche bewusst zu planen?

○ Wann habe ich es als bereichernd empfunden, auf den Arbeitsalltag Rückschau zu halten? Was brauche ich, um regelmäßig (täglich, wöchentlich) Rückschau zu halten?

Merksätze

☞ Ungeplantes einplanen verringert Stress!

☞ Sich Zeit zum Planen zu nehmen spart Zeit!

☞ Ich kann nicht die Zeit managen, sondern nur mich selbst in der gegebenen Zeit.

3. Kritikgespräche, die stärken

„Unsere Chefin hat gar nicht mehr zugehört. Wenn ihr jemand eine Rückmeldung gegeben hat, hat sie sehr emotional reagiert. Sie hat entweder alles heftig zurückgewiesen oder zu schreien begonnen. Und sich beklagt, dass alle gegen sie sind. Dabei wollten wir ihr helfen, damit sie eine bessere Chefin wird und wir weiterhin gut zusammenarbeiten können", beklagte sich die Mitarbeiterin einer Vorgesetzten, die Probleme hatte, auch mit freundlich vorgetragener Kritik konstruktiv umzugehen.

Wo Menschen kommunizieren, zusammenarbeiten, leben oder unterwegs sind, können auch Konflikte entstehen. Konflikte gehören zum Menschsein dazu. Konflikte sind Teil des Führungsalltags. Daher ist es entscheidend, sich als Führungskraft den eigenen Zugang, die eigene Haltung gegenüber Konflikten bewusst zu machen. Denn erst in Konfliktsituationen zeigt sich, wer eine gute Führungskraft ist und welche Haltungen das Verhalten einer Vorgesetzten in Krisenzeiten beeinflussen.

WAS IST EIN KONFLIKT?

Im strengen Sinn des Wortes ist ein Konflikt das Zusammenschlagen, Aneinanderstoßen – nicht nur von Worten, sondern auch von Personen. Ein Konflikt liegt vor, wenn mindestens zwei Personen zu einem gemeinsamen Thema unterschiedliche Handlungsabsichten haben. Im Unterschied zu einem „Problem" spricht man von einem „Konflikt", wenn Gefühle wie Wut oder Angst, Aggression oder Minderwertigkeit vorhanden sind und beidseitig der Versuch besteht, die andere Person direkt oder indirekt zu beeinflussen.

Konflikte sind etwas völlig Menschliches. Darum haben Größen wie Paul Watzlawick, Friedemann Schulz von Thun, Friedrich Glasl und viele mehr ganze Bibliotheken dazu geschrieben. Konflikte liegen in der Natur von Kommunikation und entstehen über das gesprochene Wort. Sie entstehen, wenn das von der Senderin Gesagte beim Empfänger „anders" ankommt, als es gemeint ist – und daher andere Reaktionen oder Antworten bewirkt als erwartet. Die zentrale Frage ist, wie mit Konflikten umgegangen wird. Sie ganz zu vermeiden bzw. ihnen auszuweichen ist genauso wenig hilfreich in der Zusammenarbeit wie die auf Abwertung, Vernichtung oder Zerstörung ausgerichtete „Lösung" von Konflikten.

HEISSER KONFLIKT UND KALTER KONFLIKT

Ein *heißer* Konflikt ist ein Konflikt, der nach außen, direkt und offen ausgetragen wird.

Kalte Konflikte werden nicht offen ausgetragen, sie zeigen sich nicht im Außen – und sind doch da.

Eine Führungskraft, die ihre Aufmerksamkeit geschult hat, kann durch das Beobachten des Verhaltens der Mitarbeiter*innen früh erkennen, ob sich ein Konflikt zusammenbraut. Um kalte Konflikte zu erkennen ist es notwendig, versteckte Konfliktsignale richtig zu interpretieren. Ein kalter Konflikt zeigt sich z. B. in Form von

- ❖ *Widerstand* (wenn jemand ständig dagegen ist, egal, was vorgeschlagen wird),
- ❖ *Sturheit* (jemand muss immer recht haben),
- ❖ *Aggressivität* (wenn andere – auch nonverbal – abgewertet, bedroht oder mit bösen Blicken bedacht werden).

Andere Möglichkeiten, Konflikte früh zu erkennen, sind die Achtsamkeit zu legen auf Verhaltensweisen, die normalerweise nicht mit Konflikten verbunden werden, wie

* *Überangepasstheit* (wenn jemand immer zustimmt, ja sagt und Kritik vermeidet),
* *Desinteresse* (Mitarbeiter*innen, die bei Sitzungen einschlafen, sich zurückziehen, abschalten),
* *Formalität* (das übertriebene Einhalten der Etikette, distanzierte Höflichkeit).

Es sind auch strukturelle Faktoren, die auf *kalte* Konflikte hinweisen – auf Konflikte, die von der anderen Partei kaum gesehen werden:

* *Hohe Fluktuation des Personals* einer Abteilung/Organisation
* *Hohe Abwesenheits- und Krankenstandszeiten* bei Mitarbeiter*innen
* *Schlechte Leistungen und geringe Zielerreichung*

KONFLIKTE ALS CHANCE?

Ob eine Auseinandersetzung als Konflikt wahrgenommen wird und wie ein Konflikt interpretiert wird, hängt von Annahmen und Einstellungen ab, von Haltungen, die eine Führungskraft prägen:

* Werden Konflikte grundsätzlich als *etwas Unangenehmes, Negatives* interpretiert, liegt es in der Natur der Sache, dass ihnen ausgewichen wird, dass sie manchmal verleugnet werden. Dann werden sie nicht als Chance betrachtet, aus der man etwas machen kann.
* Als *Kampf* wird ein Konflikt interpretiert, wenn Bilder und Ausdrücke wie Konkurrenz und Angst die Situation prägen. Es geht dann oft nur mehr darum, recht zu haben und zu zeigen, dass die

eigenen Argumente die besseren sind. Wird der Konflikt als *Macht-kampf* eingeordnet, tritt der eigentliche Inhalt des Konflikts in den Hintergrund, weil die eigenen Stärken sowie die Schwächen der anderen Partei hervorgehoben werden.

❖ Konflikte sind jedoch *Realitäten eines jeden Lebens* – auch des Arbeitslebens. Sie entstehen aufgrund der Unterschiedlichkeiten der Menschen. Konflikte anzunehmen als Teil des Lebens hilft, sie nicht prinzipiell vermeiden zu müssen, sondern konstruktive Wege zu suchen, mit ihnen menschenwürdig umzugehen.

❖ Als *Chance* kann ein Konflikt dann betrachtet werden, wenn die Unterschiede, die aufeinandertreffen, als Potenzial für konstruktive Veränderung betrachtet werden. Eine gelungene Konfliktlösung kann das Verständnis für eine Situation verbessern, sie kann kreative Entwicklungen in einem Team ermöglichen. Ein gut gelöster Konflikt, der den Weg der Konkurrenz oder Vernichtung vermeidet, kann sogar zu besseren Beziehungen im Team führen.

Wird ein Konflikt als Chance betrachtet, kann ein *kalter* Konflikt bewusst in einen *heißen* überführt werden, um die Ursachen des Konflikts auf den Tisch zu bringen. Denn erst dann kann er aktiv und möglichst ohne Verletzungen zu einer Win-win-Lösung geführt werden.

KONFLIKTURSACHE KOMMUNIKATION

Das kennen Sie sicher: Ein Teammitglied sagt laut, dass ihr kalt sei. Ein anderes Mitglied steht nach ein paar Sekunden seufzend auf und macht das Fenster zu. Was für die eine vielleicht nur eine Information war („Mir ist kalt"), war für den anderen ein Appell („Bitte macht wer das Fenster zu!").

Da Konflikte hauptsächlich mit Kommunikation und dem Aufeinanderprallen unterschiedlicher Argumente zu tun haben, spricht man mit Blick auf häufigste Konfliktursachen von den „vier Schnäbeln" und den „vier Ohren": Eine Aussage kann ausgesendet bzw. empfangen werden als

a) Sachinformation
b) Selbstoffenbarung
c) Beziehungsaussage
d) Appell

Sachinformationen beleuchten Daten, Fakten und Informationen – und werden darauf geprüft, ob sie wahr bzw. falsch sind (z. B. ob es sich um *Fake News* handelt), ob sie für den Empfänger relevant bzw. wichtig sind und ob die gegebene Information ausreichend bzw. vollständig ist.

Bei *Selbstoffenbarungen* zeigt die Sprecherin etwas von sich selbst, von ihrer eigenen Persönlichkeit, den Werten, Gefühlen, Ansichten und Bedürfnissen. Diese Dimension ist den Mitteilenden sehr oft nicht bewusst.

Eine *Beziehungsaussage* wird meist auch über Körpersprache, Mimik und Gestik vermittelt und bewirkt beim Empfänger, dass er sich wertgeschätzt, geachtet, respektiert oder gedemütigt, missachtet oder abgelehnt fühlt.

Beim *Appell* wird deutlich, was die Sprecherin vom Empfänger möchte. Appelle können offen oder verdeckt als Wünsche, Ratschläge, Anweisungen, Bitten oder Befehle kommuniziert werden.

Wenn nun die Senderin eine unklare Botschaft sendet – wenn sie also nicht sagt, ob es sich bei einer konkreten Aussage um einen Appell, eine Information etc. handelt – kann diese dem Empfänger nicht stimmig scheinen – weil er sie nicht mit dem „passenden Ohr" hört. Wenn diese Unstimmigkeit beim Empfänger nicht benannt wird, dann kommt es zu Missverständnissen. Werden diese Missverständnisse wiederum nicht durch aktives und genaues Zuhören oder Nachfragen aufgelöst, kann das zu Problemen (sachlich) und Konflikten (emotional) führen.

Daher ist es immer hilfreich, wenn die Person, an die eine Ansage gerichtet worden ist (vorhin als Empfänger beschrieben), Rückmeldung an die (vorhin beschriebene) Senderin gibt, indem sie

❖ *nachfragt*, was sie gesehen bzw. gehört hat („Ich habe gehört, dass du gesagt hast, dass ...");

❖ *sagt*, was bei ihm angekommen ist bzw. was in die Botschaft hineininterpretiert worden ist („Ich verstehe bei dieser Aussage, dass ...");

❖ *mitteilt*, welche Gefühle die Botschaft bei ihm ausgelöst hat („Ich fühle mich abgewertet, wenn du das so sagst").

Bei allen Rückmeldungen ist wesentlich, die Botschaften als ICH-Botschaften zu senden; also von der eigenen Wahrnehmung, Interpretation und von Gefühlen zu sprechen („Ich habe gehört, dass du gesagt hast ...", „Deine Aussage hat bei mir folgendes Gefühl/Bild erzeugt ... War das beabsichtigt?", „Ich verstehe deine Aussage als Aufforderung, das zu tun/veranlassen/unterlassen ... Hast du das gemeint?").

STUFEN EINES KONFLIKTES BZW. UNTERSCHIEDLICHE SZENARIEN EINER (NICHT EMPFEHLENSWERTEN) LÖSUNG

a) Phase: Win-win-Lösung: Bei diesem Weg geht es um das Wohlergehen beider Parteien. Beide können noch ohne Schaden aus dem Konflikt gehen. Verhaltensweisen in dieser Phase sind jedoch schon (i) Spannung und Verhärtung, (ii) polarisierende Debatte und (iii) das Schwenken von Worten zu Taten.

b) Phase: Win-lose-Lösung: Bei diesem Weg der Konfliktlösung tritt die Überzeugung beider Seiten in den Vordergrund, dass nur noch eine der Parteien recht haben kann. Oft ist hier verbale Gewalt im Spiel. Verhaltensweisen sind (iv) Koalitionsbildungen & Sündenbockmechanismus, (v) Sorge um den Gesichtsverlust, (vi) Strategien der Drohung.

c) Phase: Lose-lose-Lösung: Bei diesem Weg der Konfliktlösung kann keine der beiden Seiten gewinnen, da es nur mehr darum geht, dem anderen den größeren Schaden zuzufügen. Hier ist nicht mehr nur verbale, sondern schon physische Gewalt im Spiel. Verhaltensweisen sind (vii) begrenzte Vernichtungsschläge, (viii) Zerstörung des anderen, (ix) Vernichtung & Selbstvernichtung.

KONFLIKTLÖSUNGSARTEN

Von Natur her tragen Menschen (und Tiere) mögliche Verhaltensmuster in sich, wie sie mit Konflikten umgehen können. Die instinktiven Konfliktlösungsarten liegen vor bei:

❖ *Flucht ist* eine einfache, rasche und meist schmerzlose Lösung des Konfliktes, bei der niemand verliert. Es wurde jedoch keine ursächliche Lösung herbeigeführt, so dass der Konflikt wiederaufflammen kann.

❖ *Kampf* führt zu einer einmaligen, geistig wenig anspruchsvollen sowie inhumanen Dauerlösung, wenn das Ergebnis (i) *Vernichtung* des anderen ist. Ist die Lösung (ii) eine *Unterwerfung* der Gegnerin, bleibt diese zwar am Leben, es führt aber zu einer Hierarchie mit starrer Rollenverteilung und Abhängigkeiten.

Weniger instinktiv gelagert sind Lösungsarten, die soziale Kompetenz und geistige Abstraktionsfähigkeit verlangen.

* *Delegation* der Konfliktlösung an eine übergeordnete, unparteiische Instanz (Vorgesetzte, Gericht), die nach gemeinsamen Regeln (Rechten) über ein Urteil den Konflikt beendet. Diese Lösung scheint endgültig, dauert meist jedoch länger und führt beide Parteien in eine ohnmächtige Position, die zu Desinteresse und wenig Identifikation mit dem Ergebnis führen kann.

* *Kompromiss* ist eine Teileinigung, die zur Bewahrung des Prestiges beider Parteien führt und beide in eine Teilverantwortung sowohl für die Konfliktursache wie auch zur Lösung des Konflikts verpflichtet.

* *Konsens* ist eine Lösungsart, in der beide Parteien die volle Verantwortung sowohl für die Konfliktursache wie auch für die Konfliktlösung tragen, weil eine Identifikation mit der Lösung gefunden wurde. Einen Konsens zu finden (z. B. über die soziokratische Methode) kann oft zeitintensiv sein und verlangt von beiden Parteien große menschliche Reife.

EIN KONFLIKTGESPRÄCH KONSTRUKTIV FÜHREN

„Die Mitarbeiter*innen belasten dich? Trag sie nicht auf den Schultern. Schließ sie in dein Herz", empfiehlt der Brasilianer Dom Hélder Câmara, der sich durch seine große Nähe zu Menschen, besonders den Armen und durch seinen sehr bescheidenen Lebensstil als Erzbischof von Recife ausgezeichnet hat. Zweifelsohne hatte auch er mit vielen Menschen und Gruppen Konflikte zu lösen. Und offenbar ist es ihm leichter gefallen, Menschen, mit denen er in Konflikt stand, in seinem Herzen zu tragen, sie zuerst und immer als Menschen zu sehen, die –

gleich wie er selbst – menschliche Nähe und Liebe brauchen. Und offenbar hat sich diese Haltung, schwierige Menschen ins Herz zu schließen, für ihn als die lösungsorientiertere, menschlichere Haltung erwiesen.

Ein Konfliktgespräch so zu führen, dass beide Parteien ihr Gesicht wahren können, ist eine Kunst. Konflikte zur Sprache zu bringen (aus einem *kalten* einen *heißen* Konflikt zu machen) bzw. sie konstruktiv und durch ein Gespräch zu lösen zu versuchen, kann unter Berücksichtigung folgender Schritte leichter gelingen:

VORBEREITUNG AUF DAS KONFLIKTGESPRÄCH

❖ *Beschreibung der Konfliktsituation*: rekonstruieren, was geschehen ist, was die eigenen Handlungen/Reaktionen dabei waren.
❖ *Gefühle bewusst machen,* die in der Konfliktsituation aufgetaucht sind.
❖ *Analyse der Konfliktsituation*: Was könnte das Anliegen hinter dem Konflikt sein? Wie wichtig ist die Beziehung zum bzw. zur Konfliktpartner*in und wie hoch ist die eigene Bereitschaft, in die Bewältigung des Konfliktes zu investieren? Denn nicht jeder Konflikt ist es wert, auch als solcher behandelt zu werden.
❖ *Klärung der eigenen Anliegen und Wünsche*, des zu erreichenden Ziels und der Bausteine für eine mögliche zukunftsfähige Lösung.

SCHRITTE EINES KONFLIKTKLÄRUNGSGESPRÄCHES

❖ *Darstellung der Konfliktsituation* mit klaren, konkreten Beispielen,

❖ *Ziele aussprechen,* die mit dem Gespräch und der angestrebten Konfliktlösung verbunden sind,

❖ *Konfliktpartei zuhören* bzw. um Beschreibung bitten, was sein oder ihr Blick auf den Konflikt ist, welche Ziele und Lösungsmöglichkeiten er oder sie sieht,

❖ *Gemeinsame Anliegen suchen* und herausarbeiten, was beide erreichen wollen bzw. wo sich die je individuellen Wünsche verbinden,

❖ *Gemeinsame Lösungsideen suchen,* ohne die jeweiligen Ideen zu bewerten. Hilfreich ist, was umgesetzt werden kann.

❖ *Vereinbarungen ausmachen,* die möglichst detailliert, konkret und auf die Lösungsidee hin beschrieben werden. Dazu den Zeitraum der Umsetzung sowie einen Termin ausmachen, an dem die vereinbarte Umsetzung gemeinsam bewertet wird.

Sowohl aktives Zuhören wie auch – bei Bedarf – die Verlangsamung des Redetempos, Pausen und Rückfragen eröffnen beiden Konfliktparteien den Raum, immer wieder ihre Emotionen im Griff zu behalten und den Blick auf die gemeinsame Lösung des Konflikts zu lenken.

MEDIATION BEIZIEHEN

Wenn der Konflikt zu *heiß* ist und das Gespräch zu eskalieren droht, ist es hilfreich, eine externe, unbeteiligte Person als Mediatorin einzuladen. Diese kann dafür Sorge tragen, dass die Konfliktpartner*innen

* sich aussprechen lassen,
* sich zuhören,
* die Aussageabsicht der anderen Person zu verstehen versuchen,
* sich das Gesprächsziel immer wieder bewusst machen,
* Gefühle kontrolliert ausdrücken/benennen können,
* übergeordnete Interessen im Blick behalten,
* die Konfliktsituation sachlich und wertschätzend beschreiben,
* eine Lösung suchen, mit der alle Beteiligten leben können, weil sie ihr Gesicht wahren können.

Wichtig ist, auch im Konfliktfall zu versuchen, sich bewusst zu halten, dass das Gegenüber immer ein Mensch ist.

Folgende Fragen können helfen, um mit Konflikten konstruktiv umzugehen:

○ *Welche persönliche Haltung habe ich gegenüber Konflikten? Bin ich eher vermeidend? Eher konfrontativ?*

○ *Was ermöglicht mir, meine Gefühle in einem Konflikt zu ordnen? Was, die Sachfragen klar sehen zu können?*

○ *Mit wem gerate ich besonders oft in Konflikt? Warum? Was zeigt sich daran?*

○ *Wo ist es mir gelungen, einen Konflikt zufriedenstellend zu lösen? Was habe ich dabei gut gemacht? Was waren äußere Rahmenbedingungen, die hilfreich waren?*

Merksätze

☞ Konflikte gehören zum Führungsalltag dazu.

☞ Konflikte können eine Chance sein – wenn sie konstruktiv genutzt werden.

☞ Konfliktgespräche konstruktiv zu führen kann geübt werden.

4. Wie sag ich es meinen Mitarbeiter*innen?

Rückmeldungen beleuchten Entwicklungsfelder

Das Ziel solle das Wachstum jeder und jedes Einzelnen sein. Dafür solle nicht nur mit der Natur, sondern auch miteinander so umgegangen werden, dass jeder Mensch in die Gestalt wachsen kann, die in ihm grundgelegt ist.

Die im 6. Jahrhundert verfasste Regel des Ordens der Benediktiner verpflichtet den Abt als Vorgesetzten dazu, gerade bei Zurechtweisungen klug vorzugehen und die „Fassungskraft" des Mitbruders nicht zu überstrapazieren: „Muss er zurechtweisen, so gehe er klug vor und tue nicht zu viel des Guten, damit das Gefäß nicht zerbricht, wenn er den Rost allzu eifrig auskratzen will" (Benediktsregel 64,12). Um Rückmeldung zu geben – also den „Rost auszukratzen" – werde vom Abt verlangt, das rechte Maß zu finden, um den Starken wie auch den Schwachen so herauszufordern, wie es ihrer Fassungskraft entspricht.

Die Fehlerkultur einer Organisation zeigt sich auch daran, wie mit jenen umgegangen wird, die Fehler begangen haben. Manchmal werden Mitarbeiter*innen in Situationen der Schwäche von anderen, oft auch von Vorgesetzten bloßgestellt und beschämt. Und oft werden Rückmeldungen auf eine Art gegeben, die nicht danach fragt, ob der Mitarbeiter überhaupt in der Lage ist, diese Nachricht zu verstehen oder emotional zu verarbeiten.

Eine sichere, innerlich entspannte Führungskraft sieht alles, merkt aber nicht alles bei den Betroffenen an. Um hilfreiche Rückmeldungen geben zu können ist es wesentlich, dass die Vorgesetzte mit ihrem Team gut in Kontakt ist und im Wesentlichen weiß, wie es den einzelnen Personen geht, was sie beschäftigt und mit welchen Schwierigkeiten sie – auch im Privatleben – gerade kämpfen. Eine gute Übung, um in Kontakt zu bleiben, ist, allen Mitarbeiter*innen zweimal in der Woche eine Bestätigung zu geben. Und so zeitnah wie möglich und sinnvoll eine Korrektur-Rückmeldung zu geben – und diese nicht auf die lange Bank zu schieben.

ALLES SEHEN, ABER NICHT ALLES ANMERKEN

Eine Vorgesetzte, die die Augen und Ohren bei ihrer Belegschaft hat, nützt unterschiedliche Orte und Möglichkeiten, um den Kontakt zu den Menschen ihrer Organisation bzw. Abteilung zu suchen. Ist das Verhältnis gut und die Situation passend, kann eine Rückmeldung auch im informellen Rahmen angebracht sein. Das kann der Betriebsausflug genauso sein wie die Teeküche, eine kurze Begegnung am Gang genauso wie Feiern im Jahreskreis. Wichtig dabei ist, dass die Vorgesetzte sehr genau darauf achtet, wann sie wem was wo und wie kommuniziert. Besonders Anerkennung und positives Feedback über konkrete, bildlich rückgemeldete gelungene Arbeitsschritte, Erfolge oder erreichte Ziele werden von den Mitwirkenden gerne auch im informellen Gespräch entgegengenommen. Die Teeküche oder der gemeinsam genossene Kaffee kann dafür geeignet sein.

MITARBEITER*INNENGESPRÄCH

Formelle, vereinbarte und vorbereitete Gespräche sind ein offizieller Weg, Mitarbeiter*innen Rückmeldungen zu geben über Verhalten und Arbeitsqualität. Gemeinsame Formulierung von Zielen ist dabei ebenso relevant wie konstruktives Feedback. Ein angekündigtes Gespräch eröffnet beiden Seiten die Möglichkeit, sich vorzubereiten. Denn auch positives Feedback will gut durchdacht und vorbereitet werden. Mutige Vorgesetzte ergreifen die Möglichkeit, innerhalb einer solchen Zusammenkunft auch Feedback für sich selbst einzuholen.

Um eine qualitativ gute Vorbereitung für ein Mitarbeiter*innengespräch zu ermöglichen, ist es hilfreich, einen Fragebogen im Vorhinein zu bearbeiten. Dieser Vorbereitungsbogen sollte mit dem Personal, mit der Personalvertretung oder dem Betriebsrat gemeinsam erarbeitet werden, um Eckpunkte und Themen festzuhalten, die für beide Seiten wichtig sind. Weder zu wenige noch zu viele Punkte sind dabei hilfreich. Ein Gespräch dieser Art sollte regelmäßig (z. B. einmal im Jahr) oder bei Bedarf geführt werden.

Bevor auf konkrete und erprobte Feedbackregeln eingegangen wird, soll an eine der ältesten und kulturübergreifenden Regeln erinnert werden: die sogenannte „Goldene Regel". Sie lautet: „Behandle andere so, wie du selbst behandelt werden willst."

Vor jedem Feedbackgespräch sollte sich die Vorgesetzte also fragen:

❖ *Wie* würde ich selbst gerne Rückmeldungen erhalten? Welche Worte, welche Gestik, welche sprachlichen Bilder wären mir dabei wichtig?

❖ Welche *Rahmenbedingungen* würden es mir erleichtern, auf Fehler und Entwicklungsfelder hingewiesen zu werden? Wie wichtig wären dabei eine geschlossene Tür, ein Getränk, genügend Zeit, stummgeschaltete Telefone und ein Taschentuch in Griffweite?

❖ Mit welchem *Gefühl* und in welcher (Körper-)*Haltung* würde ich selbst gerne aus einem Feedbackgespräch rausgehen? Wie fühlt sich das konkret an?

FEEDBACKREGELN

Entwicklungsfelder zu benennen und die Möglichkeit zu eröffnen, dass sich Mitarbeiter*innen verbessern, sind Ziele eines konstruktiv gehaltenen Feedbacks. Eine selbstsichere Führungskraft hat Freude daran, wenn ihre Mitarbeiter*innen fachlich und menschlich wachsen und besser werden. Rückmeldungen können dabei helfen. Damit diese nicht ins Leere laufen, sollten nachfolgende Regeln berücksichtigt werden:

❖ *Erwünscht*: Um eine vertrauensvolle Gesprächsatmosphäre zu ermöglichen ist es unerlässlich, dass die Person, der Feedback gegeben werden soll, damit auch einverstanden ist. Jemanden mit Feedback zu überfallen, führt normalerweise zu Abwehrreaktionen.

❖ *Persönlich*: Allgemeine Bemerkungen, Meinungsbekundungen, Man-Formulierungen oder in der Gruppe geäußerte Kritik führen dazu, dass sich die kritisierte Person nicht angesprochen fühlt und das Gefühl bekommt, dass über sie geredet wird statt mit ihr.

❖ *Konkret*: Je konkreter beschrieben werden kann, was verbesserungswürdig ist, umso klarer kann sich ein Bild im Kopf des Gegenübers formen. Die Aussage „Das war alles schlecht" ist genauso wenig hilfreich wie die, dass „alles super war". Erst wenn Beobachtungen, Anliegen und Kritikpunkte genau formuliert werden, kann die Mitarbeiterin erkennen, woran sie arbeiten und was sie verbessern soll.

❖ *Wertschätzend*: Welche Worte zur Beschreibung des Entwicklungsfeldes gewählt werden, ist mitentscheidend, ob und wie die Nachricht aufgenommen werden kann. Es hilft niemandem, den Mitarbeiter abzuwerten oder ihn lächerlich zu machen hilft niemandem. Schließlich sollte es beim Feedback darum gehen, dass die kritisierte Person die Rückmeldung auch annehmen und sich bzw. die Arbeit verbessern kann.

❖ *Ausgewogen*: Wichtig ist, im erwünschten Feedback sowohl Stärken wie auch Schwächen zu benennen. Es stärkt die Mitarbeiterin, wenn der Blick auf Stärken und Fähigkeiten, Erfolge und erreichte Ziele gelenkt wird. Die Aufmerksamkeit auf Schwächen, Fehler und Versäumnisse zu lenken sollte mit der Absicht geschehen, dass die Mitarbeiterin sich verbessern kann. Nur wenn beide Aspekte ausgewogen gebracht werden, kann sich die Mitarbeiterin wirklich gesehen fühlen. Sonst kann der Eindruck entstehen, die Vorgesetzte schaut nicht genau hin (weil sie nur voll des Lobes ist) oder ist boshaft (weil sie nur die Fehler sieht).

Feedback konstruktiv zu geben, erfordert einige Übung. Will eine Vorgesetzte einfach gut führen, kann sie Feedbackgespräche üben – daheim vor dem Spiegel oder mit einer Freundin im Rollenspiel.

DIE UNTERSCHEIDUNG ZWISCHEN SCHWEREN UND LEICHTEN FEHLERN

Erfahrene Führungskräfte haben ein Gespür dafür, welche Fehler sie bemerken (müssen) und (sofort) ansprechen – und bei welchen Fehlern es genügt, zu beobachten, ob die Selbstheilungskräfte der betroffenen Arbeitskraft den Schaden wiedergutmachen (indem sie z. B. von sich aus das Missverständnis aufklärt oder den zugefügten materiellen Schaden meldet oder ersetzt).

❖ *Schwere Fehler*: Ein schwerer Fehler hat Konsequenzen, die das Beziehungsgefüge der Mitarbeiter*innen oder zu Außenstehenden (Kundschaft, Eltern etc.) nachhaltig (zer)stören, Menschen oder Gegenstände direkt gefährden oder das Unternehmensziel stark schädigen – z. B. wenn Bestimmungen über die Arbeitssicherheit ignoriert und dadurch andere Menschen(leben) gefährdet werden.

❖ *Leichte Fehler*: Ein leichter Fehler hat Konsequenzen, die mit wenig oder mittlerem Aufwand wieder bereinigt oder deren Geschehen auch übersehen werden können – z. B. wenn ein Stapel Kopierpapier mit der umgeschütteten Kaffeetasse unbrauchbar gemacht wird. Im günstigen Fall können alle Betroffenen darüber lachen.

WARUM ZIELE?

Wer keine Ziele hat, wird von der Fülle der Aufgaben überschwemmt, wird zum Spielball von fremden Interessen und Zufällen. Ohne Ziele können auch keine Erfolge gefeiert werden und eine wesentliche Quelle von Motivation und Zufriedenheit versiegt. Ziele geben eine Richtung und fokussieren Aufmerksamkeit und Kräfte.

Zugleich ist es wichtig, nicht zur Sklavin der selbst gesetzten Ziele zu werden. Das geschieht, wenn nur mehr das Ziel und der damit verbundene zukünftige Zustand im Blick gehalten wird – und die Gegenwart nicht mehr gesehen wird. Dann geht Wesentliches verloren, dann geht – auch im Arbeitsalltag – das Leben selbst verloren.

Ziele zu entwickeln ist jedoch eine Hauptaufgabe von Leitung.

Ziele

❖ geben Orientierung und
❖ dem Handeln auch in Organisationen einen Sinn.
❖ Sind gerade im Zusammenhang von Erwerbsarbeit Ansporn,
❖ motivieren zu mehr Leistung,
❖ helfen bei der Priorisierung von Aufgaben,

* dienen der (Selbst- und Fremd-)Beurteilung über den Grad der Erreichung,
* ermöglichen das Feiern von Erfolgserlebnissen.

ZIELFORMULIERUNGEN

Zielformulierungen sollten möglichst einen erwünschten Zustand („Zielzustand") beschreiben. Diese Beschreibung sollte so positiv, konkret und eindeutig wie möglich formuliert werden. Die Faustregel der SMARTen Zielformulierung kann hilfreich sein.

Das SMARTe Ziel
ist in der Kürze der Definition sehr hilfreich:

S = spezifisch: Je konkreter, präziser und anschaulicher ein Ziel formuliert wird, umso klarer ist das Verständnis dessen, was erreicht werden soll.

M = messbar: Woran erkennt die Vorgesetzte, dass das Ziel erreicht wurde? Welche – im Vorfeld beschriebenen und definierten – Qualitäten oder quantitativ darstellbaren Größen sollen erreicht sein, wenn man am Ziel ist?

A = attraktiv: Je einladender und attraktiver ein gesetztes Ziel ist, umso mehr wird es von der betroffenen Person bzw. dem Team akzeptiert werden. Die Frage nach dem WARUM dieses Ziels sollte dabei genauso berücksichtigt werden wie die Frage nach dem Mehr-Wert (für die Organisation).

R = realistisch: Unrealistische Ziele demotivieren Mitarbeiter*innen. Weder zu hohe („unerreichbare") noch zu niedrige („lächerliche") Ziele tragen dazu bei, die Energie auf den nächsten Schritt zu lenken, um das gesetzte Ziel zu erreichen. Die Berücksichtigung der für die Zielerreichung vorhandenen Ressourcen ist dabei unerlässlich.

T = terminiert: Eine Zielerreichung auf den Sankt-Nimmerleins-Tag zu dehnen ist genauso wenig hilfreich, wie den Zeitraum unspezifisch auf „so bald als möglich" zu setzen. Bei der Terminierung der Zielformulierung sollte berücksichtigt werden, wie lange Prozesse oder konkrete Schritte brauchen können und welche äußeren Umstände (z. B. Ferien) mitbedacht werden sollten. Wer klug ist, plant außerdem auch Pufferzeit ein für unvorhergesehene Ereignisse wie Krankheiten, Verspätungen, externe Beteiligte oder Ähnliches.

ZIELE ÜBERPRÜFEN

Damit die Erreichung eines Zieles gefeiert und gebührend gewürdigt werden kann, muss die Erreichbarkeit eines gesetzten Zieles gegeben sein. Da sich die Umstände täglich ändern können, die auch beeinflussen, ob ein Ziel überhaupt erreicht werden kann, ist es hilfreich,

❖ eine Liste mit den gesetzten Zielen zu führen und griffbereit zu haben,

❖ jeden Tag die Ziele in den Blick zu nehmen und über sie nachzudenken,

❖ jeden Tag zu prüfen und festzulegen, was zur Erreichung des Zieles konkret getan werden kann,

❖ die Liste der Ziele von Zeit zu Zeit zu überarbeiten – es kann sich etwas verändert haben –,

❖ Veränderungen mit jenen zu besprechen, die auch in die Zielerreichung eingebunden sind.

ZIELEN DIENEN

Mit Blick auf Ziele und Zielformulierungen darf mit Blick auf die Organisation auch gefragt werden:

❖ Welchen übergeordneten Zielen diene ich als Führungskraft, dienen wir als Team in der Organisation?

❖ Sind die Ziele der Organisation auch für mich so, dass sie meinen Haltungen, meinen Werten entsprechen?

❖ Wieweit sind meine tiefen Überzeugungen im Einklang oder in Dissonanz mit den Zielen der Organisation?

❖ Wo strebe ich danach, durch das Verfolgen der gesetzten Ziele eher mein Ego, meinen Narzissmus zu pflegen, als – im weiteren Sinn – Nachhaltigkeit, Gerechtigkeit, Solidarität und das gute Leben *aller* zu suchen?

Folgende Fragen können helfen, um gut Rückmeldungen geben zu können:

❍ *Mit welchen meiner Mitarbeiter*innen bin ich gut in Kontakt? Mit welchen weniger?*

❍ *Wo nütze ich informelle Kommunikationsräume? Wann schaffe ich formelle Räume, um Rückmeldungen geben zu können?*

❍ *Wann gebe ich Rückmeldungen, die nicht gefragt sind und daher schlecht angenommen werden können?*

❍ *Wann ist es hilfreich, mit den Arbeitskräften Ziele zu vereinbaren? Wann weniger?*

○ Was fällt mir bei Zielformulierungen schwer? Was kann ich gut?

○ Welches Bild habe ich, wenn ich Rückmeldungen gebe? Wie soll mein*e Mitarbeiter*in mit meiner Rückmeldung weitergehen?

Merksätze

☞ Rückmeldungen richten den Blick auf Entwicklungsfelder.

☞ Eine sichere, innerlich entspannte Führungskraft sieht alles, merkt aber nicht alles an.

☞ Große Ziele sollten mit den tiefsten eigenen Haltungen übereinstimmen.

5. Sitzungen moderieren – der Schlüssel zu Erfolg und Effizienz

„Eine Sitzung jagt die andere. Oft komme ich gar nicht zu meiner eigentlichen Arbeit, weil ich nur in Sitzungen herumsitze. Dazu kommt, dass wir oft gar nicht wissen, warum wir uns schon wieder zusammensetzen müssen. Und dann dauern diese oft so lange – viele bearbeiten währenddessen ihre Mails oder spielen am Handy herum. Es ist echt verlorene Zeit!" Diese Aussagen sind oft von Menschen zu hören, deren Vorgesetzte kommunikativ und transparent führen wollen, aber das Instrument einer effizienten Sitzungsmoderation zu wenig beherrschen.

Sitzungen, Besprechungen, Meetings gehören zu den zeitmäßig größten Aufgaben einer Führungskraft. Viele leiden unter einer schlechten Sitzungskultur – es werden teilweise zu viele, zu lange, zu wenig strukturierte oder schlecht moderierte Sitzungen gehalten. Schlecht geleitete Sitzungen führen zum Sinken der Moral und zum Unmut gegenüber einem Führungsinstrument, das relevant ist bei Organisationen, die Kommunikation und transparente Entscheidungsprozesse hochhält.

Eine gut vorbereitete und moderierte Sitzung ermöglicht, Themen effektiv und effizient abzuarbeiten ohne die Aufmerksamkeit der Sitzungsteilnehmer*innen zu verlieren.

GRUNDELEMENTE EINER GUTEN MODERATION

a) Einstieg

❖ Ein klarer, positiver Einstieg schafft unter den Anwesenden Orientierung und gibt der Sitzung eine positive Richtung.

❖ Zum Einstieg gehört mindestens die Begrüßung aller Teilnehmer*innen.

❖ Eine Check-in-Runde, in der alle Anwesenden in drei bis fünf Wörtern oder einem Satz ihre Befindlichkeit mitteilen oder was sie von der Sitzung erwarten, macht deutlich, welche Motivationen und Stimmungen im Raum wirksam sind.

❖ Ein kurzer, inspirierender Text, ein passendes Gedicht oder schlicht eine Minute der Stille können außerdem beitragen, dass alle Handys weggelegt und die Anwesenden auf die Sitzung fokussiert werden.

b) Rollen klären

❖ Bevor Inhalte oder Abläufe besprochen werden, ist es hilfreich, Rollen zu klären: Wer moderiert? Wer schreibt das Protokoll? Wer ist vielleicht als Gast anwesend? Wer ist vielleicht als Praktikant*in nur in dieser Sitzung anwesend?

❖ Bei Runden, die unterschiedlich bzw. neu zusammengesetzt worden sind, ist eine kurze Vorstellrunde hilfreich, damit alle wissen, wer die anderen sind und in welcher Funktion sie anwesend sind.

c) Rahmenbedingungen klären

❖ Wie lange dauert die Sitzung?

❖ Wann ist eine Pause geplant?

❖ Wie ist (bei längeren Sitzungen) die Verpflegung gesichert?

❖ Welcher Umgang mit dem Handy/mit Anrufen während der Sitzung wird vereinbart?

❖ Wer muss früher weg/kommt später noch dazu?

d) Tagesordnungspunkte abstimmen

❖ Welche thematischen Punkte stehen auf der Tagesordnung?

❖ Wer hat sie mit welchem Ziel (Information, Diskussion, Entscheidung etc.) eingebracht?

❖ Wie viel Zeit wird für jeden der Punkte eingeplant?

❖ Welche Reihung der Tagesordnungspunkte ist sinnvoll?

e) Redezeiten und Beteiligungen moderieren

❖ Die wohl wichtigste Aufgabe der Moderation ist es, dafür Sorge zu tragen, dass alle Anwesenden gebührend zu Wort kommen.

❖ Viel- und Dauerredner*innen zu unterbrechen bzw. auf ihren übermäßigen Redeanteil hinzuweisen ist ebenso wichtig, wie auch Schweiger*innen um ihre Meinung zu bitten.

❖ Jene um Rücksicht zu bitten, die andere wiederholt unterbrechen, fördert eine Kultur der Achtsamkeit und Wertschätzung.

❖ Gerade wenn die Moderation nicht in Händen der Vorgesetzten liegt, ist es wichtig, als moderierende Person den Mut zu haben, auch die Vorgesetzte, die z. B. andere wiederholt unterbricht, an vereinbarte Gesprächsregeln zu erinnern.

❖ Das gilt nicht für Sitzungen bzw. Punkte der Tagesordnung, bei denen es rein um Weitergabe von Informationen geht, zu denen weder Rückfragen noch Ergänzungen erwünscht sind.

❖ Der Umgang mit unsachlichen Beiträgen ist in der Moderation oft schwierig. Die Person direkt anzusprechen und herauszufinden, was sie wirklich will, kann helfen. Bei persönlichen Angriffen sachlich und ruhig zu bleiben ist die Kunst der Moderation.

❖ Wenn nötig, können auch Gesprächsregeln vereinbart werden, die klären, wie die Kommunikation in Sitzungen gelingen kann.

f) *Visualisieren von relevanten Inhalten*

❖ Unabhängig von der Form (über einen Beamer, mittels eines Handouts, auf einem Flipchart-Papier) ist es hilfreich, Inhalte, Punkte oder Zwischenergebnisse, die für alle Anwesenden relevant sind, zu visualisieren. Der Spruch „Wer schreibt bleibt" gilt auch für das Visualisieren von Inhalten.

❖ Aufmerksamkeitsfördernd ist es, die bildhafte Darstellung von Inhalten auch ansprechend zu gestalten – egal ob es sich um eine Powerpoint-Folie, ein Handout oder eine Flipchart handelt. Angemessen unterschiedliche Verwendung von Schriftfarbe, -größe und -form ist genauso wohltuend für das Auge wie die Wahrung von Übersichtlichkeit und die Nutzung von Aufzählungszeichen und Symbolen.

❖ Gerade bei Abstimmungen ist es sehr hilfreich, die genaue Formulierung des abzustimmenden Inhaltes für alle sichtbar zu machen.

❖ Untersuchungen haben gezeigt, dass Menschen Inhalte, die sie nur hören, zu 10 %, Inhalte, die sie aber hören und sehen, zu 50 % behalten.

❖ Hilfreich ist es, zu klären, was visualisiert werden soll – ob Ergebnisse einer Diskussion, zentrale Fragestellungen oder statistische Daten. Eine vollständige Mitschrift des Gesagten ist nicht der Sinn der Visualisierung – dafür gibt es das Protokoll.

g) *Entscheidungsmodalitäten klären*

❖ Soll es im Rahmen der Sitzung zu einer Entscheidung kommen, ist im Vorhinein (!) zu klären,

   o wer entscheidungsbefugt ist,

   o mit welcher Methode eine Entscheidung gefunden werden soll.

❖ Nach einer gefundenen Entscheidung ist wichtig im Blick zu halten:

   o Wer setzt die Entscheidung um?

   o Bis wann?

o Welche Unterstützung ist dafür nötig?

o Wie wird die Entscheidung wann an wen kommuniziert?

o Wann wird die Umsetzung kontrolliert?

h) Bewusster Abschluss

✛ Eine gelungen moderierte Sitzung glänzt auch durch einen bewusst gesetzten Abschluss.

✛ Eine Check-out-Runde ermöglicht allen Anwesenden, in drei bis fünf Worten oder einem kurzen Satz ihre Befindlichkeit am Ende der Sitzung zu teilen.

✛ Eine Sitzung pünktlich abzuschließen ist eine Kunst, die von den allermeisten Beteiligten sehr wertgeschätzt wird.

Folgende Fragen können helfen, um eine Sitzung lebendig zu moderieren:

♻ *Was ist mir bei der letzten Sitzung gelungen?*

♻ *Welche Elemente sind hilfreich, damit sich alle Sitzungsteilnehmer*innen gut einbringen können?*

♻ *Wer im Team kann am besten moderieren? Muss das ich selbst machen – oder kann es jemand besser?*

♻ *Welchen Einstieg, welchen bewussten Abschluss kann ich beim nächsten Teammeeting setzen?*

Merksätze

☞ Strukturierte, knackig moderierte Sitzungen tun allen gut.

☞ Die moderierende Person ist die Hüterin der Zeit.

☞ Moderation bremst Vielsprecherinnen und gibt Schweigern das Wort.

6. Leiten in digitalen Zeiten

„Wir haben uns in der Schule seit Monaten als Kollegium nicht mehr gesehen. Alle waren mit Online-Teaching beschäftigt und sehr bemüht, die Schüler*innen über die wochenlange physische Distanz motiviert zu halten. Es waren immer wieder einzelne Lehrer*innen in der Schule. Aber wir durften uns ja eigentlich gar nicht treffen. Es war echt eine schwere Zeit," resümierte die Direktorin einer Mittelschule. „Für mich als Direktorin war immer die Frage: Wie kann ich meine Lehrer*innen motivieren? Und dann hatte ich diese vielleicht kindische Idee, die sich aber als der volle Erfolg herausstellte: Am Freitag vor den Osterferien habe ich alle Lehrkräfte zum Osterhasensuchen eingeladen. Ich habe nicht gedacht, dass viele kommen werden. Aber es waren alle da. Und sie waren mit viel Eifer und großer Gaudi im Schulgarten unterwegs, um ihren Schokohasen zu finden. Sie haben sich überschwänglich bedankt und sind nach diesen Wochen des Lockdowns alle zufrieden in die Ferien gegangen."

Hand aufs Herz: Hätten Sie sich vor noch ein paar Jahren vorstellen können, die Zusammenarbeit, die bisher nur im physischen Miteinander gelebt wurde, auf die digitale Ebene zu verlegen? Oder Sitzungen in einer solchen Selbstverständlichkeit online halten zu können?

Und zugleich: Wer hat Sie darauf vorbereitet, Mitarbeiter*innen zu führen, die neben *Homeoffice* auch *Homeschooling, Homecleaning* und *Homecooking* unter einen Hut bekommen müssen? Und wer hat wissen können, wie sich Kontakte mit der Kundschaft und der Klientel verändern, wenn diese fast nur mehr über den Bildschirm laufen?

Doch zugleich: Wie ist es möglich, über digitale Kommunikation und physische Distanz Mitarbeiter*innen aufzurichten? Wie kann ein Klima der Wertschätzung und ein würdevoller Umgang miteinander beibehalten werden, wenn sich die Begegnung auf verpixelte Gesichter auf einem Monitor zu reduzieren droht?

In pandemischen Corona- wie auch in Post-Corona-Zeiten ist die digitale Kommunikation und Online-Kooperation in dieser erlebten Intensität neu. Was bei internationalen Konzernen und auf höheren Führungsebenen bereits fast normal war, hat sich in Klein- und Mittelbetrieben sowie in mittleren und niedrigeren Führungsebenen erst entwickeln müssen. Die meisten können daher von sich sagen: Wir erleben *Action learning,* wie es im Buch steht – wir beobachten, reflektieren, erforschen Handlungen, während sie passieren. Und im *Learning by doing* lernen wir durch Versuch und Irrtum, durch Erfahrungsaustausch und Rückmeldung, während wir neue Kommunikationsformen und digitale *tools* ausprobieren.

Homeoffice, also die Möglichkeit, von zuhause aus die Arbeitskraft für die Organisation einzubringen und Aufgaben online zu erledigen, ist für viele Mitarbeiter*innen gerade durch die Corona-Pandemie eine notwendig Alternative zur Arbeit vor Ort geworden. Und sie wird wohl auch nach der Pandemie noch viele Unternehmen begleiten.

Führungskräfte sind beim Homeoffice ihrer Mitarbeiter*innen doppelt gefordert: Zu oft sind diese „aus den Augen" und daher auch „aus dem Sinn". Daher ist es hilfreich, sich mit folgenden Fragen immer wieder bewusst zu machen, was Mitarbeiter*innen in Zeiten der Führung über Digitale tools brauchen könnten:

❖ Wie kann der Kontakt gehalten werden zu jenen, die selten oder unregelmäßig ins Büro kommen?

❖ Wie kann der Teamgeist aufrechterhalten werden, wenn sich das Team nur unregelmäßig trifft und informelle Gespräche „zwischen Tür und Angel" oder Sozialräumen komplett ausfallen?

❖ Was brauchen Mitarbeiter*innen von ihren Vorgesetzten in digitalen Zeiten?

❖ Wie kann eine Chefin ihre Fürsorgepflicht weiter wahrnehmen, gerade wenn Mitarbeiter*innen im Homeoffice teilweise pandemiebedingt mehrfach belastet sind (Homeoffice, Homeschooling, Homecooking, Homecleaning etc.)?

❖ Wie kann das Vertrauen der Führungskraft bestätigt werden, dass von zu Hause aus mit gleicher Qualität gearbeitet wird wie im Büro?

❖ Wie kann für Gesundheit am Arbeitsplatz gesorgt werden, wenn Arbeitsplätze im Homeoffice – aus der Not heraus – teilweise abenteuerlich gestaltet sind? Was kann der Online-Übersättigung, die Körper und Geist bis an die Grenzen bringt, entgegengesetzt werden?

❖ Wie können Mitarbeiter*innen geführt werden, denen die Entgrenzung von beruflich und privat durch das Homeoffice nicht guttut? Wie kann der Vorgesetzte mit der scheinbar ständigen Verfügbarkeit der Mitarbeiter*innen respektvoll und klug umgehen?

ONLINE-MEETINGS KLAR STRUKTURIEREN

Da durch Homeoffice Wegzeiten eingespart werden und meist auch der unstrukturierte Sozialkontakt sehr stark reduziert wird, ist die Gefahr groß, Arbeitstage mit Online-Meetings zu überfrachten. Folgende Aspekte zu berücksichtigen ist für alle Beteiligten hilfreich – nicht nur für Online-Meetings. Sie einzuhalten ist allerdings Hauptaufgabe der Führungskraft.

❖ *Zeit strukturieren & beachten*: Gerade in Meetings, wo sich Menschen nicht gegenübersitzen (oder stehen), ist es wichtig, den zeitlichen Rahmen klarzumachen – und auch einzuhalten. Es gibt nichts Schlimmeres als ein unendlich langes Meeting, in dem immer mehr Kameras ausgeschaltet werden, weil die Konzentration aufgrund fehlender Pausen schon überstrapaziert ist.

❖ *Ziele benennen & überprüfen*: Gerade weil die ausschließlich digitale Kommunikation nonverbale Kommunikation fast verunmöglicht, ist es für alle Beteiligten hilfreich, die Erwartungshaltungen an das Meeting, die zu besprechenden Punkte sowie die zu erreichenden Ziele am Beginn zu klären. Und am Ende zu überprüfen.

❖ *Deutlich moderieren*: Die Schwierigkeit, sich bei Online-Konferenzen nicht-digital zu verständigen bzw. die Reduktion der Kommunikation auf die zweidimensionalen, vom Computer übertragenen Zeichen erfordert eine sehr deutliche Moderation einer Sitzung: Wortmeldungen beachten, alle Anwesenden im Blick haben und dafür sorgen, dass sie entsprechend zu Wort kommen, ist besonders wichtig.

Daher kann es für Online-Meetings hilfreich sein, eine Person als Moderator*in einzusetzen, die nicht allzu sehr inhaltlich beteiligt sein muss, damit niemand in der Runde übersehen wird.

❖ *Pausen ankündigen & einhalten*: Da Online-Meetings durch den starren Blick auf den Bildschirm, die fast unveränderte Sitzhaltung vor dem Gerät und die fehlende, auch nonverbale zwischenmenschliche Kommunikation viel anstrengender sind als analoge Konferenzen, sind Pausen umso wichtiger. Diese sollten bewusst nicht vor dem Bildschirm verbracht werden. An Bewegung, das Atmen frischer Luft, kurze Augengymnastik, das Wiederauffüllen des Wasserglases etc. sollte von der Vorgesetzten bzw. dem Moderator der Sitzung bewusst erinnert werden. Werden Pausen zwar angekündigt, aber nicht eingehalten, führt das zu oft dazu, dass manche Teilnehmer*innen quälend ihre biologischen Bedürfnisse zurückhalten, weil nicht klar ist, wie lange die Sitzung noch dauert.

❖ *Meeting-Dichte begrenzt halten* und – wenn möglich – Besprechungen abwechselnd auch im Büro organisieren.

❖ *Kinder und Katzen, die durch den Bildschirm spazieren, lachend begrüßen:* Viele Mitarbeiter*innen haben nicht den Luxus eines eigenen Arbeitszimmers. Manchen ist es peinlich, wenn der private Hintergrund sichtbar wird. Wenn Kinder die Sitzung unterbrechen oder Katzen durch den Bildschirm spazieren. Je entspannter, verständnisvoller und klarer eine Führungskraft – oder die moderierende Person der Sitzung – damit umgeht, umso entspannter können auch Mitarbeiter*innen damit umgehen.

TRENNUNG PRIVAT-BERUFLICH

Wie das Wort schon sagt, wird im Homeoffice die räumliche Trennung von privaten und beruflichen Agenden aufgehoben. Das hat Vorteile (mal ehrlich: Wer hat noch nie im Homeoffice Wäsche gewaschen?), aber auch Nachteile.

❖ *Arbeitszeiten nicht ausfransen lassen:* Gerade im Homeoffice sind Mitarbeiter*innen viel selbstverantwortlicher, was die Organisation ihrer Arbeitszeiten betrifft. Die Vorbildwirkung von Vorgesetzten ist dabei relevant: Nächtliche Mails erzeugen Druck, diese zu ähnlichen Zeiten – aber auf alle Fälle möglichst schnell – zu beantworten. Wer als Führungskraft schon zu nächtlichen Stunden arbeiten muss, kann aus Rücksicht auf die Mitarbeiter*innen den Mailversand so einstellen, dass diese erst zu normalen Bürozeiten ausgesendet werden.

❖ *Klare Arbeitsstruktur ermöglichen:* Gerade im Homeoffice könnte die Möglichkeit besser genutzt werden, Arbeitszeiten mehr nach dem eigenen Biorhythmus zu gestalten, als das im Büro möglich ist. Sofern kein gemeinsames bzw. zeitlich aufeinander abgestimmtes

Arbeiten nötig ist, sollte es „Lerchen" ermöglicht werden, ihre frühmorgendliche Energie ebenso für die Erwerbsarbeit einzubringen, wie es „Eulen" erlaubt sein sollte, später online zu arbeiten, als es der Büroalltag ermöglichen würde. Auch mit Blick auf physische Bedingungen sollte es im Homeoffice leichter möglich sein, sich z. B. bei Menstruationsbeschwerden auch mal für eine halbe Stunde mit einer Wärmeflasche aufs Sofa zu legen – um später wieder klarer und ohne Schmerzmittel für die Erwerbsarbeit zur Verfügung zu stehen.

Diese Dimensionen als Führungskraft im Blick zu halten und gemeinsam so zu gestalten, dass die Arbeitsleistung erbracht wird, ohne dass individuelle Bedürfnisse auf Kosten gemeinschaftlicher Tätigkeiten oder betrieblicher Ziele verfolgt werden, ist eine besondere Herausforderung in digitalen Zeiten.

❖ *Digitale Schulungen organisieren*: Da die technischen Herausforderungen im Homeoffice schwerer geklärt werden können, ist das Schulungsangebot für Mitarbeiter*innen mit speziellem Blick auf die selbständige Lösung digitaler Probleme für alle Beteiligten hilfreich.

❖ *Umgang mit privater Handynummer klären*: Homeoffice führt oft dazu, dass private Geräte wie Handys, Laptops, Tisch oder Sessel für die Erwerbsarbeit zur Verfügung gestellt werden. Gesetzliche Homeoffice-Regelungen geben inzwischen Orientierung. Es kann darüber hinaus hilfreich sein, gemeinsam innerbetriebliche Lösungen zu erarbeiten, um den beruflichen Umgang mit privater Ausstattung zu klären.

❖ *Zu gemeinsamen Online-Kaffeepausen einladen*: Gerade weil in digitalen Zeiten die informelle Kommunikation und manchmal dadurch auch die Pausengestaltung in Mitleidenschaft gezogen wird, kann es hilfreich sein, auch als Führungskraft zu gemeinsamen Online-Kaffee-/Teepausen einzuladen. Der konstruktive Umgang mit Pausen führt in den allermeisten Fällen zum stärkeren

Teambuilding sowie zu kreativeren und oft unkomplizierteren Lösungen allfälliger Fragen. Ermutigendes Vertrauen vonseiten der Führungskraft führt auch in diesem Punkt wahrscheinlich zu höherer Arbeitsqualität.

UNTERSTÜTZUNG MEHRFACHBELASTETER MITARBEITER*INNEN

Verschiedene Untersuchungen haben gezeigt, dass v. a. Frauen auch in Zeiten des Homeoffice meist mehrfach belastet sind. Wenn neben dem Homeoffice auch Pflegezeiten, Versorgungsarbeit oder pandemiebedingte Unterrichtsarbeit zu leisten ist, sind es vor allem Frauen, die diese Mehrfachbelastung zu stemmen haben. Um diese Mitarbeiter*innen nicht zu verlieren (weil sie kündigen oder durch die Überlastung erkranken) ist es hilfreich, ihnen Verständnis entgegenzubringen.

❖ *Gelassenheit äußern, wenn Betreuungspflichten die Arbeitszeiten* beeinträchtigen, hilft allen Beteiligten. Gerade Führungskräfte, die selbst auch im privaten Bereich für Versorgungsarbeiten verantwortlich sind, wissen, wie es ihren Beschäftigten geht.

❖ *Vertrauen äußern,* dass die Arbeitsleistung im Homeoffice mindestens gleich hoch bleibt wie im Büro. Das entspannt alle Beteiligten und entspricht außerdem wissenschaftlichen Untersuchungen. Kontrollzwang zu pflegen unter Umständen, die eine Kontrolle fast verunmöglichen, ist energieraubender als Vertrauen zu üben in unsicheren Zeiten.

KONTAKT BEWUSST PFLEGEN & FÜRSORGEPFLICHT LEBEN

Aufgabe der Führungskraft ist es, den Kontakt zur Belegschaft zu pflegen. Das zu tun mit der geäußerten Zusage, dass es ihr wichtig ist zu wissen, wie es den betroffenen Personen geht, entspannt beide Seiten. Regelmäßige, individuelle Gespräche helfen, um beim Leiten in digitalen Zeiten die Menschen nicht aus den Augen zu verlieren.

Je nachdem, wie groß das Vertrauen zwischen der Vorgesetzten und ihrem Team ist, können bei diesen Gesprächen – egal ob online, telefonisch oder direkt in der Organisation – folgende Punkte angesprochen werden:

❖ *Arbeitsausstattung im Homeoffice*: Ist die Mitarbeiterin technisch ausreichend ausgestattet und serviciert, um ihre Aufgaben gut und angemessen erledigen zu können? Welche Hilfestellungen können angeboten werden?

❖ *Übungen zur Stressbewältigung*: Außerhalb des gewohnten Arbeitsumfeldes erwerbsmäßig tätig zu sein kann Mitarbeiter*innen mehr als üblich stressen. Rückenschmerzen, Schlafstörungen, aber auch Ängste und das Gefühl von Einsamkeit oder sogar depressive Stimmungen können sich manifestieren. Da die Vorgesetzte die Arbeitskraft nicht regelmäßig zu Gesicht bekommt, ist ein sensibles Nachfragen bezüglich physischer und psychischer Gesundheit umso wichtiger.

❖ *Austausch untereinander*: Da die informelle Kommunikation im Homeoffice wegfällt, kann es hilfreich sein, als Vorgesetzte auch in digitalen Zeiten zu ermutigen, den Austausch in der Kollegenschaft aktiv zu suchen.

❖ *Zu Pausen ermutigen*: Ebenso wichtig ist es, zu regelmäßigen Pausen wie auch Bewegung an der frischen Luft zu ermutigen. Wie überall ist das rechte Maß die goldene Mitte.

* *Teambuilding auch in der Distanz ermöglichen*: Ein gutes Team erhöht nicht nur Arbeitsleistung und Arbeitsqualität. Der damit verbundene soziale Rückhalt dient auch der physischen und psychischen Gesundheit. Untersuchungen haben gezeigt, dass sozialer Rückhalt Rückenbeschwerden vermindert.

* *Wertschätzung, Sinndimension immer wieder klarmachen*: Zu den wesentlichen Aufgaben von Vorgesetzten gehört es, der Belegschaft für ihr Tun begründet Wertschätzung entgegenzubringen. Ebenso ist es für eine nachhaltig gute Arbeitsqualität relevant, die Sinndimension der Erwerbstätigkeit bewusst zu halten. Immer wieder zu begründen und in Worte zu fassen, welchen Mehrwert eine Organisation für die Gesellschaft leistet, fördert nicht nur die psychische Gesundheit am Arbeitsplatz.

HOMEOFFICE-TIPPS GEMEINSAM AUSTAUSCHEN

Jede Arbeitskraft erlebt Homeoffice anders – und findet andere Möglichkeiten, Tipps und Tricks, um diese digitale Form der Erwerbstätigkeit in physischer Trennung zum Team gut zu gestalten. Hilfreich kann es sein, solche Erfahrungswerte zu sozialisieren. Diesen Austausch anzuregen ist eine Aufgabe von Führungskräften in digitalen Zeiten.

Folgende Anregungen sollen inspirieren:

* *Klarheit & Überblick über Termine & Aufgaben*: Wer auch im Homeoffice aufgrund einer guten Kalenderführung weiß, was wann mit wem und wo zu erledigen ist, hat den klareren Durchblick – beruflich wie privat.

* *Störungen möglichst ausschalten*: Wie im Büro heißt es auch im Homeoffice: Je konzentrierter eine Aufgabe erledigt werden kann, umso schneller ist sie vom Tisch. Daher hilft:

o Privathandy ausschalten

o Im Haushalt ausmachen: Wann dürfen Kinder fragen kommen?

❖ *Versorgungsarbeiten gerecht verteilen* und klar kommunizieren:

o Wer kocht wann?

o Wer holt wann wen ab?

o Wer geht wann einkaufen?

o Etc. etc.

❖ *Homeoffice – wie wenn ich im Büro wäre*: Um die Trennung von beruflicher und privater Arbeit auch in den eigenen vier Wänden so gut wie möglich umzusetzen ist es hilfreich, sich in den Homeoffice-Zeiten so zu verhalten – und sich auch so anzuziehen –, wie wenn man im Büro arbeiten würde. Das verhilft nicht nur bei Online-Meetings zu professionellerem Auftreten, sondern markiert auch den Anwesenden im Haushalt: Ich bin in der Arbeit! Die Wirkung von Lippenstift und Parfüms sollte auch im Homeoffice nicht unterschätzt werden!

❖ *Konzentrationszeiten und Down-Times bewusst nutzen*: Ebenso wie bei Erwerbsarbeit außer Haus ist es hilfreich, den eigenen Biorhythmus zu kennen und im Homeoffice zu nutzen. Die zu erledigenden Tätigkeiten entsprechend einzuteilen in jene, die hohe Konzentration erfordern, und jene, die auch erledigt werden können, wenn die Energie weniger ist (z. B. Routinearbeiten), nützt natürliche biologische Rhythmen.

❖ *Pausen klar setzen*: Wie schon in der Erwerbsarbeit vor Ort sollte auch hier vermieden werden, Pausen mit Arbeitsdingen zu füllen. Oder auch das Mittagessen neben dem Bildschirm zu essen. Es fördert die betriebliche Gesundheit aller Mitarbeiter*innen, wenn Pausen klar gesetzt und eingehalten werden.

VORBILD BLEIBEN

Auch wenn man sich nicht oft sieht oder die Kommunikation hauptsächlich über digitale Kanäle läuft, ist es wichtig, sich der Vorbildfunktion als Führungskraft bewusst zu bleiben. Dieses Kapitel abschließend darf hier noch einmal daran erinnert werden:

❖ *Mitarbeiter*innen sind Menschen* und sollen als Menschen wahrgenommen werden. Sie sollen in ihren Leistungen wertgeschätzt und in ihren Schwächen angenommen werden.

❖ *In innerer Balance bleiben* und die eigenen Kraftquellen zu nutzen ist besonders für eine Vorgesetzte wichtig, da sie Ruhe in unruhigen Zeiten ausstrahlen, Orientierung geben und Klarheit vermitteln soll, wenn viele Fragen offenbleiben. Nur wer für sich selbst achtsam sorgt (ohne in egoistischer Selbstverherrlichung zu versinken!), kann auch für Mitarbeiter*innen achtsam sorgen.

❖ *Hilfsangebote nutzen* (z. B. Supervision) und stärkende Netzwerke wie z. B. Freundschaften pflegen – auch außerhalb der eigenen Familie –, hilft, Lasten abzugeben, Lösungswege zu suchen und in der eigenen Kraft zu bleiben.

❖ *Humor pflegen und die Hoffnung hochhalten* sind Kraftquellen, die nicht nur Führungskräften guttun.

PRÄSENZ SCHLÄGT ONLINE

Erfahrungen aus häufiger digitaler Kommunikation zeigen:

❖ Online funktionieren alle technisch-organisatorischen Inhalte gut.

❖ All jene Abläufe und Prozesse, die mit Vertrauen und Kreativität zusammenhängen, dauern länger.

❖ Auch die Intensität der Konflikte scheint zuzunehmen. Schlicht weil der direkte Kontakt fehlt.

Mit Blick auf die Herausforderung, in digitalen Zeiten gut zu leiten, zeigt sich: Vieles, was in Homeoffice-Zeiten eingeübt wird, kann gut und gerne ins Büro übernommen werden. Erfahrungen weisen darauf hin, dass wir ein Mischverhältnis brauchen: eine gute Abwechslung zwischen Online-Tätigkeiten und Präsenz-Veranstaltungen. Denn bei der besten Bildschirmauflösung ist das Gegenüber in einem Online-Meeting nur zweidimensional und in einem kleinen Ausschnitt meistens nur das Gesicht sichtbar. Unter schlechten technischen Voraussetzungen teilweise nur eingeschränkt hörbar oder gar nur ein schwarzes Feld sichtbar – wenn etwa die Internetverbindung nicht hält, was sie verspricht.

Während im direkten Kontakt die Gestik und Bewegung des ganzen Körpers, die Körperhaltung, die Nebenbeschäftigungen, ja selbst der Geruch und vor allem die Atmosphäre ins Gespräch einfließen können – der Mensch als Ganzes wahrgenommen und im Gespräch aufgenommen werden kann.

Wir werden – auch im Führungsalltag – vermehrt mit digitaler Kommunikation und digitalen Führungstools arbeiten lernen dürfen. Wesentlich dabei ist, den Menschen hinter dem Bildschirm nicht aus dem Blick zu verlieren.

Folgende Fragen können helfen, um digitale Zusammenarbeit im Team zu gestalten:

○ *Welche Formen der Kommunikation müssen digital geführt werden? Welche sollten lieber im direkten Kontakt geführt werden?*

○ *Wie kann eine förderliche Abwechslung von digitalen und analogen Arbeitsformen gefunden werden?*

Merksätze

☞ Führen in digitalen Zeiten ist Learning by doing.

☞ Präsenz schlägt online!

3. Kapitel

DIE ORGANISATION FÜHREN

Eine Führungskraft hat nicht nur die Aufgabe, sich selbst und andere Menschen zu führen, sondern ihr ist anvertraut, mit Blick auf Rahmenbedingungen und Unternehmensziele die Organisation selbst zu führen. Auch in „unteren" Führungsebenen ist Führen keine Beschäftigung „neben" der eigentlichen Arbeit. Führen ist eine öffentlich zugeordnete Aufgabe, die für eine Organisation lebenswichtig ist. Ohne Führung ist jede Organisation orientierungslos und auf Dauer nicht überlebensfähig. Führung hat nach Ruth Seliger zu tun mit Rollenklarheit, Wissen um Qualitätsstandards von Führung und mit Führungsinstrumenten.

Eine Führungskraft sollte daher die Fragen beantworten können:

❖ *Warum* mache ich genau diese Arbeit?
❖ *Wer* bin ich als Führungskraft?
❖ *Wie* arbeite ich als Führungskraft?

Hat sie Schwierigkeiten, diese Fragen zu beantworten, ist es hilfreich, mit der Vorgesetzten dazu ins Gespräch zu gehen und die Unklarheiten zu beseitigen.

Eine Organisation ist keine Maschine, sondern ein lernendes Miteinander. Diese Sichtweise beinhaltet, dass Mitarbeiter*innen – und die Führungskräfte selbst – die Bereitschaft zum Lernen lebendig erhalten. Das gelingt hauptsächlich durch Anerkennung der individuellen und gemeinschaftlichen Leistungen, durch passende strukturelle Rahmenbedingungen und Ressoucen, durch wertschätzenden Umgang miteinander. Eine lernende Organisation verändert sich als System, sobald sich eine Einzelperson verändert. Dabei kommt den Führungskräften eine wichtige Rolle zu: Wenn diese sich verändern und auch Neues lernen wollen, dann inspiriert und motiviert das auch die anderen Mitarbeiter*innen.

Eine Organisation zu führen bedeutet auch, aktiv zu begleiten, wohin sie sich entwickelt.

1. Macht macht Führung

Wer nichts macht, führt nicht

Macht zu haben ist nicht nur eine Frage von Position und Verfügungsgewalt, sondern hauptsächlich eine Frage der inneren Einstellung und der eigenen Persönlichkeit. Der schwarze südafrikanische Freiheitskämpfer Nelson Mandela vermochte es durch zähen Einsatz und gemeinsam mit Mitgefangenen, die Haftbedingungen in der berüchtigten Anstalt auf Robben Island zu verbessern. Sie schafften es, Unterricht und Studienmöglichkeiten zu erwirken – zuerst illegal, dann offiziell. Seine innere Haltung und die Macht seiner starken Persönlichkeit ermöglichten es ihm, ohne Hass das brutale Gefängnis nach 27 Jahren zu verlassen. Und als erster schwarzer Präsident Südafrika in eine Zeit ohne Rassentrennung zu führen.

MACHT IST EIN HEIKLES THEMA

Über Macht zu sprechen ist selten unkompliziert – in Unternehmen oder Vereinen, in Familien wie in Glaubensgemeinschaften. Manche streben Macht an, andere lehnen Macht ab. Manche missbrauchen ihre Macht, andere haben Macht, empfinden sich aber als ohnmächtig. Manchmal wird Macht verschwiegen, manchmal als Ziel beworben. Macht kann – wie jedes Instrument – als Mittel zum Segen oder als Mittel zum Leid genutzt werden.

Von der Wortwurzel her hat „Macht" zu tun mit „können", „vermögen". Ursprünglich bedeutet es „kneten" – das Bild vom Teig steigt auf, der geknetet und in eine Form gezwungen werden kann. Der moderne Machtbegriff, geprägt vom deutschen Soziologen Max Weber, bezeichnet die Chance, bei anderen den eigenen Willen durchzusetzen, auch wenn diese das nicht wollen. Durch diese Beschreibung wird deutlich, warum Macht immer heikel ist: weil Mächtige in die Freiheitsrechte anderer eingreifen können – auch bei Widerstand oder Gegenwehr.

Zugleich kann mit Macht auch Gutes erwirkt werden, Bildung erwirkt, Gerechtigkeit gemehrt, Aufmerksamkeit gelenkt, Gefahren gesichert und Frieden gestiftet werden – auch gegen den Widerstand Einzelner oder ganzer Gruppen. Macht hängt dabei oft auch mit persönlicher Autorität zusammen, mit innerer Sicherheit und Ausstrahlung einer Person, die andere Menschen motiviert, ihr Bestes zu geben, um konstruktive Kräfte zu aktivieren.

Macht im Führungskontext hängt in strukturell-systemischen Dimensionen einer Organisation mit der Frage zusammen, wie weit die Gestaltungsmöglichkeiten und Entscheidungsbefugnisse einer Führungskraft gesteckt werden. Welche Befugnisse eine Führungskraft in ihrer Rolle zugesprochen bekommen hat, hängt zusammen mit Rahmenbedingungen, in die die Position gestellt ist. Ist es etwa einer Filialleiterin erlaubt, das Produktsortiment den Wünschen ihrer Kundschaft anzupassen – oder muss sie immer in der Zentrale des Konzerns nachfragen? Darf ein Produktionsleiter fähige und interessierte Mitarbeiter*innen auf Schulung schicken, um ihr Potenzial zu heben, auch ohne mit der Personalabteilung jegliche Detailfragen zu klären? Muss eine Magistratsbeamte im direkten Kontakt mit der Klientel bei jeder abweichenden Frage zu Formalien die obere Führungsebene anfragen oder kann sie auch im eigenen Ermessen und mit Blick auf die speziellen Bedürfnisse des Klienten Entscheidungen treffen?

Macht wird auf Zeit verliehen und über ihren Gebrauch muss Rechenschaft abgelegt werden – gegenüber den Vorgesetzten, der Belegschaft, den Stakeholdern, der Umwelt, der nächsten Generation … gegenüber Gott als letzter Instanz für Gläubige.

QUELLEN DER MACHT

Der Betriebsrat einer kleinen Organisation forderte vom Leitungsteam ein, die Budgetzahlen offenzulegen. Als Betriebsrat habe er das Recht darauf, diese Zahlen regelmäßig und auf Anfrage zu erhalten. Außerdem könne er einfordern, dass das Leitungsteam ihm diese und jene Fragen zum Budget erkläre.

Aufgrund seiner Position hat der Betriebsrat tatsächlich das Recht – und daher auch die Macht –, die Leitung seiner Organisation dazu zu bewegen, die Daten offenzulegen. Da in besagter Organisation jedoch ein sehr offener Umgang mit den budgetären Daten gepflegt wurde und das Budget teilweise sogar „von unten nach oben" erstellt und im gesamten Team besprochen wurde, war der Betriebsrat aufgrund seiner Einbindung in das Team auch einbezogen und hätte die Daten kennen sollen. Das Leitungsteam war sichtlich irritiert.

Mit Blick auf die zwei wesentlichen Quellen der Macht (Position, Person) bediente sich der Betriebsrat in diesem Beispiel nicht seiner Autorität – und Macht – als Person, sondern ausschließlich seiner Position.

Diese Quellen der Macht stehen den Führungskräften zur Verfügung:
* *Position* – Befugnisse und Pflichten werden mit Blick auf die Ziele der Organisation auf Zeit übertragen.
* *Person* – Auftreten, Ausstrahlung, Lebenserfahrung, Kommunikationskompetenz, Begabungen, Werte, persönliche Autorität.

Sie können ergänzt werden durch unterschiedliche Kompetenzen wie:
* *Physische oder psychische Überlegenheit* – jene mit mehr Muskelstärke, den besseren Waffen, jene mit den besseren Argumenten, dem stärkeren Willen.

- *Fachliche Kompetenzen* – jene mit mehr Ausbildung, Wissen oder Erfahrung in einem bestimmten Bereich, Kenntnissen über Gesetze, Strukturen, Haushaltspläne.
- *Kommunikative Macht* – jene, die besser argumentieren, die Selbstverständlichkeiten hinterfragen; jene, die wissen, wann es besser ist zu schweigen – und wann es notwendig ist, die Stimme zu erheben, Widerstand zu leisten oder Nein zu sagen.
- *Materielle Mittel* – jene, die über mehr Geld, Grund & Boden, Haus & Hof, bessere IT-Technik, stärkere Autos, technisch besser ausgestattete Küchen oder die größere Werkstatt verfügen.
- *Soziale Kompetenz* – jene, die Gruppenprozesse und individuelle Entwicklungsphasen verstehen und nützen können.
- *Einfühlungsvermögen* – jene, die Dynamiken in Gruppen erkennen und lenken, die zwischen den Zeilen lesen, die Gefühle benennen und Konflikte lösen können.
- *Gruppenzugehörigkeit* – jene, die zur dominierenden, herrschenden oder privilegierten Gruppe, Klasse, Rasse, Ethnie, Glaubensrichtung etc. gehören.
- *Information und Vernetzung* – jene, die über mehr und mächtigere (formelle oder informelle) Netzwerke verfügen, Zugang zu (offiziellen und inoffiziellen) Informationen haben, die den besseren Kontakt zu Medien haben etc.

MACHT ALS MITTEL, NICHT ALS ZIEL

Macht soll immer Mittel bleiben, um Ziele zu erreichen. Sobald Macht das Ziel selbst ist, wird sie vergöttert und man kann sich nicht mehr von ihr lösen. Das sind jene Menschen, die „am Sessel kleben bleiben", die sich ein Leben ohne ihre machtvolle Position, ihren Gehalt und das gesellschaftliche Ansehen nicht mehr vorstellen können. Ist

Macht nicht mehr Mittel, sondern Ziel, geht es nur mehr um Macht an sich – und nicht mehr um Werte wie Unternehmensziele, die Zufriedenheit der Mitarbeiter*innen, Arbeitsgesundheit, Wirtschaftlichkeit, Umweltschutz oder übergreifende Ziele wie Gemeinwohl, Gerechtigkeit oder Frieden.

Die Zwiespältigkeit von Macht liegt also nicht darin, dass sie existiert, sondern darin, wie und wofür sie gebraucht wird. Gefährlich ist bei Mächtigen nicht, dass sie mächtig sind, sondern, *für welche Ziele* und *mit welchen Mitteln* sie ihre Macht einsetzen. Um Missbrauch von Macht zu kontrollieren, ist es daher auch in streng hierarchisch geführten Organisationen wichtig, diese gerecht zu strukturieren und effizient zu kontrollieren. Institutionen wie Vorstände, Personalvertretungen, Betriebsräte, Gewerkschaften, Ministerien und Gerichte dienen dazu, den Gebrauch von Macht zu kontrollieren.

MACHT KOMPETENT EINSETZEN – BESONDERS FÜR DIE BENACHTEILIGTEN UND SCHWACHEN

„Willst du den wahren Charakter eines Menschen erkennen, dann gib ihm Macht", sagt ein altes Sprichwort. Im Geist des Franz von Assisi könnte man ergänzen: „… und beobachte, wie er diese Macht mit Blick auf die Armen, Schwachen, Geschlagenen und Ausgebeuteten einer Gesellschaft einsetzt."

Weil jeder Mensch die Freiheit hat, sich auch für das Böse zu entscheiden, haben auch mächtige Menschen die Freiheit, ihre Macht für Zwecke einzusetzen, die als böse qualifiziert werden – wenn z. B. persönliche Vorteile (Dienstplan, Gehalt, Einfluss, öffentliche Anerkennung etc.) auf Kosten anderer verschafft werden.

Vorgesetzte, die die ihnen gegebene Macht kompetent einsetzen, tun das konstruktiv und verantwortungsvoll – mit Blick auf die Ziele der Einrichtung und in Sorge um das Wohlergehen ihrer Mitarbeiter*innen.

Macht im christlich-humanistischen Geist einzusetzen beinhaltet nicht nur, die Beziehungsdimensionen der Mitarbeiter*innen und die Ziele der Organisation im Blick zu behalten, sondern immer auch, einen bewussten Blick auf die Schwächeren und Benachteiligten des Unternehmens zu halten.

Konkret übersetzt auf den Führungsalltag, heißt das, sich immer wieder Fragen zu stellen wie:

* Wo gibt es in meiner Belegschaft Dynamiken, die Einzelne (oder eine Gruppe) benachteiligen?
* Wer von den Personen, für die ich zuständig bin, hat es aktuell gerade besonders schwer – im beruflichen oder im privaten Leben? Wie kann ich im Rahmen meiner Position diese Person unterstützen/stärken, mit ihr gemeinsam eine Lösung suchen?
* Wie können wir als Abteilung/Zweigstelle/Filiale jene Mitarbeiter*innen unterstützen, die gerade mit einem Schicksalsschlag zu kämpfen haben?
* Wie kann die Kommunikation im Team so gestaltet sein, dass Mitarbeiter*innen auch mit ihren Problemen und Sorgen gehört werden?
* Woran erkennen andere, dass es den Menschen in meinem Führungsbereich gut geht und alle zusammenhalten?
* Wie kann ich jenen, die in ihrer Position unterfordert sind, helfen, ihr volles Potenzial zu entwickeln und am Arbeitsplatz einzusetzen?

Der Gründer des Jesuitenordens, Ignatius von Loyola, forderte von den Führungskräften seiner Zeit, ganz bewusst auch mit den Armen, den Kranken und den Verachteten Freundschaft zu pflegen. Um die eigene Menschlichkeit nicht zu vergessen und – aus dem Glauben heraus – zu mehr Gerechtigkeit in der Gesellschaft beizutragen.

Das wiederum gelingt leichter, wenn die Führungskraft selbst gut geerdet, gut gehalten ist und mit den eigenen Nöten und Sorgen und der eigenen Suche nach Gerechtigkeit geordnet leben kann. Regelmäßige Auszeiten, das Nutzen eigener Kraftquellen, ein tragendes Beziehungsnetz, gelebte Spiritualität, fachliche Begleitung bzw. Beratung und ein gutes Selbstvertrauen auf Basis einer tiefen Selbstliebe sind Voraussetzungen dafür.

JA ZU MACHT SAGEN

„Egal, was ich brauche – mein Chef trifft nie selbst Entscheidungen. Schon gar nicht solche, die unangenehm sein könnten. Alles bleibt liegen, Mails werden entweder gar nicht oder ohne klare Ansage beantwortet", beklagt sich der Mitarbeiter einer Produktionsfirma. „Die Sekretärin des Chefs sagt, wo es langgeht. Wenn der Chef nichts sagt, spricht sie Klartext. Eigentlich brauche ich ihn gar nicht erst zu fragen, weil ja seine Sekretärin im Hintergrund die Fäden zieht. Im Grunde genommen ist sie die Chefin der Abteilung."

Viele Führungskräfte tun sich schwer, die ihrer Position innewohnende Macht aktiv anzunehmen, Ja zu sagen dazu, dass sie Macht haben. Wie wenn es sich dabei um etwas Gefährliches handeln würde, von dem man krank wird oder das peinlich ist. Gerade für Führungspersonen ist es aber wichtig, Macht nicht zu tabuisieren. Menschen, die aufgrund ihrer Position Macht haben, diese aber nicht annehmen, schaffen ein Machtvakuum. Das wiederum führt zu informellen Machtstrukturen, in denen Entscheidungen getroffen oder Rahmenbedingungen geändert werden von Menschen, die nicht mit dieser Aufgabe beauftragt sind – und daher kaum kontrolliert werden können.

Oft tun sich Frauen schwerer damit als Männer, Macht bewusst, aktiv und konstruktiv anzunehmen. Jede Führungskraft hat aber die Aufgabe, ihre Macht transparent zu machen und regelmäßig kritisch zu hinterfragen im Hinblick auf ihre Ziele, ihre Funktion sowie die Art und Weise ihrer Ausübung – vor sich selbst und vor anderen. Denn Macht braucht Kontrolle.

Wird es verabsäumt oder vermieden, kann Macht unkontrolliert und missbräuchlich eingesetzt werden. Aus *heller Macht*, die verantwortungsvoll, kontrolliert, zielorientiert, vereinbarungsgemäß, gerecht und menschenfreundlich agiert, kann *dunkle Macht* werden, die durch Gewalt, Zwang oder Manipulation missbraucht, andere klein und ohnmächtig hält, Grenzen und Befugnisse überschreitet und Vereinbarungen einseitig bricht.

Eine erfolgreiche Führungskraft hat gelernt, den Mut zu haben, „heiße Kartoffeln" anzugreifen, in Konflikte umsichtig hineinzugehen, um diese frühzeitig und konstruktiv zu lösen bzw. zu verhindern, dass Konflikte unterschwellig andauern und so Mitarbeiter*innen das Leben schwer machen.

MACHT UND HUMOR

Eine Referatsleiterin berichtete mit verschmitztem Lächeln von der Erkenntnis ihrer Assistentin. Diese habe nach einiger Zeit der Zusammenarbeit verwundert darauf reagiert, dass ihre Chefin über sich selbst und ihre kleinen Schwächen Witze macht. „Du lachst über dich selbst?", fragte sie ihre Vorgesetzte ungläubig. Diese antwortete postwendend: „Natürlich. Denn wenn ich über mich selbst lache, habe ich immer etwas zu lachen!"

Bei aller Ernsthaftigkeit und Pflichtbewusstheit, die besonders Führungskräfte als Vorbilder leben und vorleben sollten – eine gesunde Prise Humor macht nicht nur das Leben leichter, sondern erhält auch die angemessene Distanz zur eigenen Position. Eine humorvolle Führungskraft ist sich bewusst, dass sie die Position *hat*, aber nicht die Position *ist*. Diese Unterscheidung schafft eine wertvolle Freiheit, um nicht von äußeren Mächten oder der eigenen Position restlos bestimmt zu werden.

Diese innere Distanz, diese letzte Freiheit von Macht und machtvollen Positionen macht auch Führungskräfte innerlich frei. Frei dafür, Macht nicht hauptsächlich für sich, eigene (persönliche) Interessen oder für Privilegien von gewissen Gruppen oder Bündnissen einzusetzen. Dass Macht korrumpiert, hängt genau damit zusammen, dass sich Menschen in machtvollen Positionen dazu verleiten lassen, nicht mehr letzten Zielen wie sozialer Gerechtigkeit, Nachhaltigkeit, Demokratie, Menschen- und Umweltrecht und damit dem Gemeinwohl, dem guten Leben aller zu dienen, sondern ihre Einflussmöglichkeiten für eine kleine Gruppe und zum Schaden anderer einzusetzen – immer auch zum persönlichen materiellen oder emotionalen Vorteil.

Im Sinne ignatianischer Spiritualität ist diese innere Freiheit („Indifferenz") auch von Führungskräften hilfreich, Entscheidungen mit Blick auf das gemeinsame Ziel, auf das größere Ganze, auf ein „Mehr" an Lebens- und Arbeitsqualität für alle zu treffen – unabhängig von persönlichen Vorteilen oder Interessen. Dann wird Macht in einer Führungsposition im positiven Sinn als Dienst an Menschen – und an einer Organisation, die letztlich immer auch zum Wohl der Menschen geführt werden soll – verstanden und gelebt.

Denn im Mittelpunkt jeglichen Arbeitens, jeglichen Führens und auch jeglichen Wirtschaftens soll immer der Mensch stehen. Im christlich-sozialethischen Sinn darf Wirtschaft nie alleine um den Gewinn betrieben werden. Gut zu wirtschaften muss immer als übergeordnetes Ziel haben, das gute Leben aller Menschen – heute und morgen, hier und dort – zu ermöglichen oder zu erhalten. Insofern soll die Aufgabe einer Führungskraft – egal ob in einem gewinnorientierten Unternehmen oder einer sozialen Einrichtung – im Letzten immer dem Wohl von Menschen dienen, im engen Sinn dem Wohl der konkreten Mitarbeiter*innen, im weiteren Sinn auch dem Wohl der Menschen einer Gesellschaft, im weitesten Sinn auch dem Wohl der kommenden Generationen.

Im christlich-humanistischen Denken wird das gängige Bild von Macht umgedreht: Der Mächtige wird nicht bedient, sondern dient, bedient seine Mitmenschen. Die Führungskraft ist sich nicht zu schade, sich klein zu machen und ihrer Gefolgschaft konkret zu helfen und nahe zu sein, wenn das gefordert ist. Die Vorgesetzte sieht ihren Erfolg nicht im eigenen Ruhm, sondern darin, dass ihre Mitarbeiter*innen unter guten Rahmenbedingungen qualitativ hervorragende Leistungen bringen können. Macht wird verstanden als Fähigkeit, etwas für das Wohl der anderen zu bewirken – als Dienst am Menschen.

Zugegeben, diese hohen Ansprüche zu erreichen, würde einen Systemwandel erfordern. Die Verantwortung dafür liegt auf allen Ebenen – sowohl im Unternehmen wie auch in der Zivilgesellschaft, der Politik, der Kultur und den religiösen Gemeinschaften.

HALTUNG ZUR EIGENEN MACHT

Um als Führungskraft die eigene Haltung zu Macht und Einfluss immer wieder zu klären, können folgende Reflexionsfragen hilfreich sein:

❖ Wem oder was bin ich als Führungskraft im Letzten verpflichtet? Wem diene ich mit meiner Arbeitskraft?

❖ Was sind meine roten Linien im eigenen Umgang mit Macht?

❖ Wie weit sehe ich meinen Handlungsspielraum? Wo sehe ich die Grenzen meiner Macht?

❖ An welchem Punkt würde ich meine Führungsposition aufgeben, um ein reines Gewissen zu bewahren?

❖ Durch wen oder was bin ich in meine Position gekommen? Welche Abhängigkeiten haben sich daraus ergeben – und wie kann ich konstruktiv damit umgehen?

❖ Welchen Werten und Haltungen bin ich im Letzten verpflichtet? Was begründet meine Macht der jetzigen Position?

Einer Führungskraft, die bewusst die mit ihrer Position verknüpfte Macht annimmt, um sie konstruktiv und zum Wohl der Mitarbeiter*innen, des Unternehmens – schließlich der Gesellschaft und der Umwelt – einzusetzen, fällt es leichter, zu sich selbst in Distanz zu gehen. Diese Distanz ermöglicht es wiederum, unverkrampft Rechenschaft über das eigene Tun und Lassen abzulegen. Und dieses – bei aller Ernsthaftigkeit und Verantwortlichkeit – auch mit Humor zu nehmen. Wer Humor hat, nimmt sich selbst nicht allzu wichtig und distanziert sich von den Dynamiken der Macht, die zum Missbrauch verführen können. Wer Humor hat, lacht über sich, ohne jedoch die mit der eigenen Position verbundene Macht, die Pflichten und Verantwortlichkeiten zu negieren. Wer Humor hat, bleibt im Geist frei.

Das Ja zur eigenen Macht ermöglicht die Freiheit zum humorvollen Umgang mit sich selbst als Führungskraft.

AUTORITÄR, DEMOKRATISCH, SOZIOKRATISCH?

Bilder von Führungskräften sind zu oft noch geprägt von einem „heroischen" Führungsverständnis – einem gutaussehenden Mann im Slim-fit-Anzug und mit angegrauten Schläfen, der als Vorgesetzter allein und „einsam" Entscheidungen von großer Tragweite fällt.

Ein modernes, postheroisches Führungsverständnis sieht den Einsatz von Macht – im Sinne des Ermächtigens von Mitarbeiter*innen und des Gestaltens von Rahmenbedingungen – als gemeinsamen Willensbildungs- und Entscheidungsprozess. Gerade weil Führungskontexte immer komplexer werden und Entscheidungen unter immer dynamischer sich verändernden Rahmenbedingungen getroffen werden müssen, wird die Einbeziehung der Mitarbeiter*innen in Entscheidungen immer öfter diskutiert und auch gelebt.

Mit Blick auf graduell unterschiedliche Beteiligung der Mitarbeiter*innen spricht man von einem Führungskontinuum, an dessen Extremen die autoritäre, alleinige Entscheidung der Führungskraft bzw. die vollständig gemeinschaftlich von allen Beteiligten getroffene Entscheidung stehen.

Wichtig ist, vor einer Entscheidung zu prüfen, wie wichtig ihre Akzeptanz ist. Je höher die Notwendigkeit ist, dass der zu entscheidende Sachverhalt bei den Betroffenen auch angenommen wird, umso wichtiger ist es, die Betroffenen in den Entscheidungsprozess einzubeziehen.

Wenn es z. B. in einer Pflegeeinrichtung darum geht, von welchem Unternehmen der neue Server betreut werden soll, sind die Konsequenzen für das Pflegepersonal wahrscheinlich von sehr geringer Relevanz. Diese Entscheidung sollte von Fachleuten und der zuständigen Führungskraft getroffen werden.

Geht es jedoch in der gleichen Einrichtung darum, die Frage der konkreten Arbeitsaufteilung zwischen diplomierten Pflegekräften und Hilfspflegekräften zu definieren, so sind – neben gesetzlichen Vorschriften – unbedingt die von den Entscheidungen Betroffenen einzubeziehen, da die Konsequenzen ihre direkte Arbeit an den kranken und pflegebedürftigen Menschen betreffen und Einfluss auf ihre Arbeitszufriedenheit nehmen.

Nicht jede Entscheidung sollte im gesamten Team getroffen werden. Aber jede Entscheidung, die das Team betrifft, sollte so getroffen – oder wenigstens so kommuniziert – werden, dass die von den Konsequenzen Betroffenen den Prozess mitgestalten oder zumindest nachvollziehen und mittragen können. Denn je höher der Beteiligungsgrad der Betroffenen in einem Entscheidungsprozess liegt, umso höher ist die Akzeptanz und die Bereitschaft, die Entscheidung mitzutragen – auch wenn diese nicht nur nach dem eigenen Geschmack getroffen worden ist. (vgl. II. Kapitel, 1. Bessere Entscheidungen werden gemeinsam getroffen).

Mit Blick auf die Führungskraft ist bei Entscheidungsprozessen wesentlich zu beachten, wie sie ihre Macht ausübt:

❖ Autoritär: Die Führungskraft trifft Entscheidungen allein oder wird nur von einem kleinen Kreis beraten.

❖ Demokratisch: Entscheidungen werden nach Mehrheitsbildungen getroffen. Dabei bleibt meistens eine Minderheit, die mit der Entscheidung nicht einverstanden ist, aber trotzdem mit den Konsequenzen leben muss.

❖ Soziokratisch: Unter Einbeziehung der Meinung aller Betroffenen wird ein Konsent erarbeitet, der von allen mindestens grundsätzlich mitgetragen werden kann.

Reflexionsfragen zum Gebrauch von Macht

- *Wem gegenüber rechtfertige ich den Gebrauch meiner Macht?*
- *Inwieweit verletze ich durch die Ausübung meiner Macht das Wohl der mir Anvertrauten?*
- *Woran erkennen meine Mitarbeiter*innen, dass nicht meine persönlichen Interessen, sondern das Wohl der Menschen wie der Organisation im Mittelpunkt steht?*
- *Kann ich Anerkennung und Ehre mit meiner Belegschaft gebührend teilen?*
- *Wie sehr „klebe" ich an meinem „Sessel", an meiner Position? Wer bin ich – hier und jetzt –, wenn ich sofort meine Position verlassen müsste?*
- *Wann kann ich besonders gut über mich selbst lachen?*
- *Welche mächtigen Personen kenne ich – und wie setzen diese ihre Macht ein?*

Merksätze zum Umgang mit Macht

- ☞ JA zu sagen zur Macht der Position als Führungskraft ist wichtig, um informelle Machtstrukturen zu vermeiden.
- ☞ Kontrolle und Vertrauen gehören zu konstruktiv gelebter Macht.
- ☞ Gesunde Distanz zur eigenen Machtposition zeigt sich im befreienden Lachen über sich selbst.

2. Wen kann ich jetzt noch fragen?

Von der Kollegin zur Vorgesetzten

„Sie war immer eine gute Freundin. Und jetzt verhält sie sich so komisch. Nur weil ich ihre Vorgesetzte geworden bin. Dabei bemühe ich mich, alle gleich zu behandeln!" So beschreibt eine Frau ihr Dilemma, die aus dem Team heraus zur Vorgesetzten ihrer früheren Kollegin geworden ist.

Ist plötzlich die mehrjährige Freundschaft bedroht? Nur weil die eine der beiden die Position verändert und von der Kollegin zur Vorgesetzten geworden ist? Und wen kann man noch fragen, wenn die bisher vertraute Kollegin plötzlich keine Kollegin mehr ist?

ROLLENBEWUSSTSEIN

Eine Beförderung zu bekommen, mehr Verantwortung übernehmen zu dürfen, in der Hierarchie eine Stufe höher zu steigen: Wer eine Leitungsfunktion erhalten hat, wer zur Vorgesetzten gewählt worden ist, darf sich zuerst einmal beglückwünschen. Der Wechsel von der Kollegin zur Vorgesetzten, vom Kumpel zum Chef ist jedoch nicht nur eine Veränderung der Position, sondern zieht auch eine Veränderung der Beziehungsdynamiken nach sich. Die beförderte Person ist zwar noch der gleiche Mensch, die neue Position verändert jedoch etwas, das den meisten im Vorhinein nicht klar ist. Ehemalige Freundinnen oder enge Vertraute im Team können – und dürfen – nicht mehr in der gleichen Weise ins Vertrauen gezogen werden wie bisher. Rollen schaffen Distanz. Freundschaften weiterhin zu pflegen birgt die Gefahr, sich private oder berufliche Vorteile zu verschaffen. Oft sind

Männerbündnisse, Parteien- oder Vereinsmitgliedschaften ein trauriges Beispiel für missbräuchliches Nutzen von freundschaftlichen Verbindungen in bestimmten Positionen. Wenn jedoch neben der freundschaftlichen auch die sachliche Ebene gelebt werden kann und andere Mitarbeiter*innen nicht benachteiligt werden, ist es möglich, auf diesem Grat zu balancieren. Aber der Grat ist schmal und ein Absturz in die eine (zu viel Distanz) oder andere Richtung (zu viel Nähe) leicht möglich.

Verschwiegenheitspflicht kann auch gegenüber jenen gelten, mit denen bisher alles geteilt, besprochen und beraten wurde. Um der dadurch möglichen Einsamkeit in der neuen Rolle als Führungskraft zu begegnen, sind neue Freundschaften mit Menschen außerhalb des Teams bzw. Unternehmens ebenso wichtig wie professionelle Begleitung durch Supervision oder Coaching.

BEWUSSTE REFLEXION DES ROLLENWECHSELS

Entscheidend ist für eine gute Führungskraft, dass sie sich die neue Situation bewusst macht und versucht, die Veränderungen, die mit dem Positionswechsel verbunden sind, aktiv anzunehmen:

❖ Aufgrund der Beförderung *besteht nun ein hierarchischer Unterschied zwischen ehemals Gleichgestellten.* Bisherige Freundschaften, enge Beziehungen im Team, das gemeinsame Feiern, der Austausch in der Teeküche – alles verändert sich durch den Positionswechsel der bisherigen Kollegin. Freundschaftliche Verbundenheit kann auch weiterhin gepflegt werden – es ist aber wichtig sich bewusst zu machen: Als direkte Vorgesetzte ist gelebte Freundschaft etwas vom Schwierigsten überhaupt. Die Sorge der ehemaligen Kollegin, nun schlechter behandelt zu werden, ist ernst zu nehmen. Ebenso aber auch die Sorge der nunmehrigen

Chefin, bisherige Freunde unbewusst schlechter zu behandeln, um sie nur ja nicht zu bevorzugen.

❖ Durch den *Vorbildcharakter der Vorgesetzten* werden Aussagen und Handlungen anders interpretiert als bisher. Vorbilder werden mit Respekt behandelt. Und es ist wichtig, den Respekt des Teams gegenüber der Chefin zu pflegen. Einen gewissen inneren Abstand zu halten ist dafür meistens unvermeidbar. Denn auch bisherigen Freunden muss man als Chefin manchen Wunsch abschlagen oder eine Ansage machen können, die nicht nur bequem ist, aber respektiert wird.

❖ *Vorgesetzte werden kritischer beobachtet als Kollegen.* War es bisher vielleicht lustig und ein Zeichen des Zusammenhalts im Team, wenn auch mal ein Bier zu viel getrunken worden ist, so ist das für einen Vorgesetzten nun tabu: Das eigene Verhalten, die Wortwahl wird ab sofort viel kritischer beobachtet – und sollte bewusst beachtet werden. Als Vorgesetzter ist man nun Vorbild und wird mit einem anderen Maß gemessen. Das betrifft auch die Kritik „nach oben": Wurde vorher im Team gemeinsam über Vorgesetzte geschimpft oder über Strukturen gejammert, so ist das nun für die neue Führungskraft verboten: Über gemeinsame Vorgesetzte abfällig zu reden würde anderen die Erlaubnis geben, das Gleiche zu tun. Das stört das Arbeitsklima, senkt das Niveau der Kommunikation und stellt die Glaubwürdigkeit der neuen Führungskraft infrage – schließlich hat sie nun die Kompetenzen, Rahmenbedingungen der Organisationseinheit und Beziehungen im Team zu gestalten.

❖ *Alles, was ein Chef sagt, soll wahr sein. Aber er muss nicht alles sagen, was er weiß.* Vorgesetzten, besonders Vorgesetzten in Zwischenpositionen, wird generell gerne unterstellt, dass sie mehr wissen, als sie zugeben. Das ist teilweise berechtigt, da sie aufgrund der neuen Rolle Zugang zu Informationen, Kompetenzräumen und Entscheidungsprozessen haben, die Mitarbeiter*innen verwehrt sind. Daher ist es wichtig, dass ein Chef sich im Klaren ist, was er wem wann wie sagen darf. Und was eben nicht. Diese innere Klarheit ist besonders im Gespräch mit der Belegschaft wichtig, um sich nicht zur Informationsweitergabe hinreißen zu lassen, die nicht passend ist. Andererseits darf man aber auch so wenig Raum wie möglich für Vermutungen zulassen, dass man nach Meinung anderer eben doch mehr weiß, als man sagt. Es ist daher manchmal besser, zu einem bestimmten Thema nichts zu sagen. Oder aber gegenüber geäußerten Vermutungen informationshungriger Mitarbeiter*innen klarzumachen, dass gewisse Informationen eben nicht geteilt werden DÜRFEN.

❖ *Machtinsignien bewusst einsetzen.* Mit dem Rollenwechsel sind oft auch Symbole der Macht verbunden: das eigene oder größere Büro, repräsentative Kleidung, Einladung zu besonderen Meetings, eine Sekretariatskraft. Für Führungskräfte, besonders für jene, die aus dem Team heraus aufgestiegen sind, ist wichtig, die mit der neuen Position verknüpften Symbole bewusst und klug einzusetzen: Schafft das Auftreten oder der gewählte Stil eher Vertrauen oder eher Misstrauen? Fördert es die notwendige Zusammenarbeit mit dem Team oder stört es? Fühlen sich die bisherigen Mitarbeiter*innen dadurch wertgeschätzt und respektvoll behandelt – oder herablassend?

AKTIVE GESTALTUNG DER NEUEN ROLLE

Wer zum/zur Vorgesetzten befördert worden ist, ist zwar der gleiche Mensch wie davor. Wie bereits oben erwähnt: Die neue Position bringt neue Erwartungen mit sich, mit denen sich die betroffene Person konfrontiert sieht: Vorgesetzte haben Erwartungen – schließlich haben sie einem Aufstieg zugestimmt. Mitarbeiter*innen haben Erwartungen – schließlich muss man als Chef*in mehr gestalten können als davor. Und selbst hat man auch Erwartungen – schließlich will man eine gute Vorgesetzte sein, besser als andere, und dazu noch die Organisation in Schwung bringen.

Meistens werden diese Erwartungen nicht ausgesprochen. Dadurch besteht die Gefahr, dass sie wie Geister im Raum herumschweben, denn auch unausgesprochene, nicht bewusst gemachte Erwartungen entfalten eine Wirkung. Das zu wissen kann helfen, die neue Position zu gestalten und die eigene Rolle darin zu füllen.

Hilfreich kann es sein, sich eine externe, professionelle Begleitung zu suchen, um bewusst und erfolgreich in die neue Rolle hineinzuwachsen.

SANDWICH-POSITION

Viele Führungskräfte sehen sich mit der Lage konfrontiert, dass sie zwar ein Team führen, selbst aber ebenso von einer Vorgesetzten geführt werden – sich also in einer Sandwich-Position befinden. Diese Situation betrifft oft Führungskräfte im unteren bis mittleren Management. Sie müssen Anweisungen „von oben" und „von unten" erfüllen und stehen daher unter einem doppelten Erwartungsdruck. Das führt sie vielfach in eine Dilemmasituation bzw. einen Rollenkonflikt, da sie einerseits Anweisungen ihrer Vorgesetzten umzusetzen und zugleich die eigenen Mitarbeiter*innen zu leiten hat.

Im Versuch, diese teilweise widersprüchlichen Erwartungen in der eigenen Person in Einklang zu bringen, gibt es vier Arten, wie mit der doppelten Drucksituation umgegangen werden kann:

Führungskraft orientiert sich primär nach ...

	„unten"	„oben"
passiv	„Regenschirm"	„Briefträgerin"
aktiv	„Hammer"	„Speer"

Führungskraft agiert eher ...

Wenn sich eine Führungsperson in einer Sandwich-Position hauptsächlich an ihrer Belegschaft orientiert und eher passiv bleiben möchte, wirkt sie wie ein *„Regenschirm"*, der alles, was von oben kommt, abfängt, um die Mitarbeiter*innen zu schützen.

Wenn sie sich jedoch für die Mitarbeiter*innen einsetzt und deren Kritiken und Anliegen aktiv „nach oben" vertritt, kann sie wie ein *„Speer"* wirken, der von unten nach oben „pikst" und unangenehm ist. Zwischenvorgesetzte müssen dann manchmal von ihren eigenen Vorgesetzten hören, dass sie „wie der Betriebsrat" sind, „der sich viel mehr um das Personal kümmert als darum, dass die Anordnungen von oben her umgesetzt werden".

Eine Führungsperson in Sandwich-Position, die sich mehr an den Anliegen der oberen Führungsetage orientiert, wird dann als „Hammer" wahrgenommen, wenn sie diese Anordnungen „von oben herab" und mit Nachdruck und entsprechender Energie „nach unten" weitergibt.

Bleibt sie eher passiv und reicht die Ansagen der eigenen Vorgesetzten einfach nach unten weiter, dann spricht man von einer „Briefträgerin", die nur weitergibt, was sie selbst gehört und empfangen hat.

Diese widersprüchlichen Situationen finden sich nicht nur in Organisationen, die in der klassischen steilen Hierarchie – also linienförmig „von oben nach unten" – geführt werden, sondern auch in Organisationen mit flachen Hierarchien, in denen Mitarbeiter*innen eine starke Mitsprache haben und sehr eigenverantwortlich agieren können (z. B. soziokratisch oder holokratisch geführte Unternehmen).

HILFE FÜR SANDWICH-FÜHRUNGSKRÄFTE

Hilfreich für eine Führungskraft in einer Sandwich-Position ist es, sich
a) der hierarchischen Strukturen des eigenen Unternehmens *bewusst zu werden*. Je klarer das Bild der eigenen Position vor Augen gehalten wird, umso klarer kann man mit Herausforderungen und Unklarheiten umgehen.
b) in einer *gewissen Distanz zu den Erwartungen beider Seiten des Sandwiches zu positionieren*. Mit Blick auf die eigenen Bedürfnisse und Ressourcen soll v. a. mit den eigenen Vorgesetzten in Verhandlungen gegangen werden, um sich über die eigene Position klarer werden zu können und dadurch auch dem eigenen Team gegenüber klarer auftreten zu können. Die dafür nötigen Fähigkeiten zur konstruktiven Konfliktbewältigung, Kompromissbereit-

schaft und Flexibilität sind Schlüsselfähigkeiten einer Führungskraft.

c) *Austausch suchen* mit Personen auf der gleichen Führungsebene/ Vorgesetzten anderer Abteilungen, Stationen oder Filialen, die ebenso in einer Sandwich-Position führen. Diese kollegiale Intervision kann informell bleiben oder – v. a. in Krisenzeiten sehr hilfreich – auch von einer externen Beraterin begleitet werden. Auch hier gilt: Sich rechtzeitig Hilfe zu holen ist ein Zeichen von Stärke. Damit wird die Verantwortung gegenüber der Kollegenschaft (Menschenführung) und der Organisation (Erreichen der Unternehmensziele) ernst genommen.

Folgende Fragen können helfen, um die Führungsrolle in einer Sandwich-Position zu reflektieren:

○ *Mit wem soll/kann ich die an die Position gestellten Erwartungen klären?*

○ *Wie kann ich mit Erwartungen anderer umgehen, die sich nicht mit meinem Verständnis der Position decken?*

○ *Welche der Erwartungen kann und soll ich erfüllen? Welche nicht?*

○ *Wem gegenüber bin ich wofür verantwortlich, muss Rede und Antwort stehen?*

○ *Wie gehe ich damit um, dass ich Erwartungen – und damit Menschen – enttäuschen muss?*

○ *Wie halte ich mir bewusst, in welcher Rolle ich gerade spreche, welchen „Hut" ich gerade aufhabe?*

Mögliche Merksätze

☞ Der Wechsel von der Kollegin zur Vorgesetzten ist nicht nur eine Veränderung der Position, sondern verändert auch Beziehungsdynamiken.

☞ Eine Position bringt Erwartungen mit sich, mit denen sich die betroffene Person konfrontiert sieht.

☞ Mit den Erwartungen aktiv umzugehen hilft, die Rolle für sich zufriedenstellend zu füllen.

3. Führungsarbeit ist wie Hausarbeit

Vorgesetzte leben einsam

„Dass meistens alles recht gut funktioniert, das bemerkt keiner. Meine Mitarbeiter*innen kommen nur zu mir, um sich zu beschweren, wenn was nicht passt. Ich brauche auch Lob! Aber scheinbar gilt, dass nach oben nur gejammert und geschimpft wird. Von mir erwarten sich die anderen aber trotzdem, dass ich funktioniere – sie sehen aber nicht, was alles damit zusammenhängt." Diese oder ähnliche Erfahrungen werden immer wieder von Führungskräften thematisiert: Führungsarbeit wird scheinbar von niemandem gesehen.

FÜHRUNGSARBEIT IST WIE HAUSARBEIT

Die Tätigkeit von Führungskräften wird gerne eingeteilt in zwei Typen: Im Fall von Führungsarbeit, die auf Veränderung, Überraschungen und weitreichende Entscheidungen ausgelegt ist, spricht man vom Typ der „Künstlerischen Arbeit". Die meiste alltägliche Führungsarbeit zielt jedoch nicht auf grundlegende Veränderungen ab, sondern ermöglicht, dass bestehende Ordnungen aufrechterhalten bleiben und die Normalität gesichert wird. Führungsarbeit ist daher wie die Arbeit im Haushalt: Sie wird erst bemerkt, wenn sie nicht stattfindet – wenn das Klo schmutzig ist, der Mistkübel überquillt, der Strom wegen nicht bezahlter Rechnungen abgedreht wird und die Kinder in schmutziger Kleidung verspätet in die Schule gehen. Hausarbeit wird selten gesehen – und daher noch seltener gelobt.

Außerdem ist Hausarbeit – genauso wie Führungsarbeit – eine Arbeit, die nie endet. Sie ist ein kontinuierlicher Prozess, der aus vielen kleinen Handlungen, Entscheidungen und Kommunikationstätigkeiten besteht. Da sie unter normalen Umständen kein Projekt ist, gibt es kein Ende, das belobt oder befeiert werden könnte.

„SAUBER MACHEN"

Um die „Hausarbeit Führung" sichtbarer zu machen, ist es hilfreich, als Führungskraft wöchentlich eine Stunde zu reservieren, um „sauber zu machen". Dabei können im wörtlichen Sinn Papierstapel, die nicht mehr benötigt werden, zum Altpapier gebracht und unaufgeräumte Ecken sortiert werden. Unordnung zieht nicht nur Staub und Schmutz an, sondern bindet auch Energie. Wer Ordnung in ihr Büro bringt, fühlt sich dort wohler.

Äußere Ordnung erleichtert, innere Freiheit zu erlangen – z. B. indem über die eigenen Arbeitsabläufe als Führungskraft nachgedacht wird. Wo haben sich da „Schmutz und Staub" angesammelt und binden Energien? Wer es schafft, auch im Inneren aufzuräumen, bekommt die Freiheit, Kreativität zuzulassen und auch mal neue Wege zu gehen.

WIRKSAMKEITSFELDER VON FÜHRUNG

Auch wenn eine Führungskraft für einen bestimmten Bereich, eine Abteilung, eine Station, eine Filiale eingesetzt ist – sie ist Teil der Führungsebene der gesamten Organisation. Daher ist es wichtig, nicht nur das eigene, enge berufliche Umfeld, sondern auch andere Felder im Blick zu haben. Man spricht hier vom 360°-Blick einer Führungskraft.

Eine Organisation ist keine Maschine, sondern ein soziales System, ein komplexer Organismus, der mit unterschiedlichen Menschengruppen in Kontakt und im Austausch ist:

* *Mitarbeiter*innen* sind die erste Zielgruppe, die eine Führungskraft als direkte Vorgesetzte im Blick behalten muss. Deshalb ist ihre zentrale Aufgabe, die Rahmenbedingungen und Beziehungen so zu gestalten, dass diese Mitarbeiter*innen ihre Aufgaben erledigen können und dadurch die Ziele der Organisation erreicht werden.

* *Vorgesetzte* sind für eine Führungskraft (v. a. eine in Sandwich-Position) eine relevante Größe, da im Austausch mit ihnen Ziele und Rahmenbedingungen ausgehandelt werden.

* *Eigentümer*innen bzw. Vorstände*: Auch wenn eine Führungskraft „weit unten" im Unternehmen tätig ist, wirken Entscheidungen, die „ganz oben" getroffen werden, in ihre Arbeitsfelder.

* Kundschaft, *Klientel etc.*: Sie sind das eigentliche Ziel eines Unternehmens. Niemand produziert z. B. Schuhe nur für sich selbst. Ein Krankenhaus lebt davon, dass Menschen, die gesund werden wollen bzw. behandelt werden sollen, das Haus füllen. Ihre Bedürfnisse stehen – im günstigen Fall – im Zentrum der gesamten Organisation.

* *Kooperationspartner*innen*: Selten lebt eine Organisation für sich allein, sondern arbeitet in einem Netz von Kooperationspartner*innen. Diese im Blick zu behalten ist für das Unternehmen von wesentlicher Bedeutung.

* *Behörden*: Da eine Organisation in einer Gesellschaft situiert ist, die ihrerseits Regeln und Normen hat, die wiederum von Behörden geprüft bzw. deren Einhaltung eingefordert werden, ist der konstruktive Kontakt zu Behörden eine nicht zu unterschätzende Größe.

* *Gesellschaft, Medien oder Netzwerke*: Als Teil der Gesellschaft wirkt eine Organisation auch immer in ihr gesellschaftliches Um-

feld, sei es über ihre Mitarbeiter*innen, ihre Produkte bzw. Leistungen, über ihren materiellen oder immateriellen Output wie Wasserverschmutzung, Deponien oder Sozialeinrichtungen und kulturelle Aktivitäten. Die – gewünschte oder unerwünschte – Wirkung im Blick zu behalten sowie mit den gesellschaftlich Beteiligten in Kontakt zu bleiben, ist daher eine relevante Aufgabe mit Blick auf Wirkfelder einer Organisation.

❖ *Natur und Mitwelt*: Egal ob es sich um ein produzierendes Gewerbe, ein Non-profit-Unternehmen oder eine Dienstleistungseinrichtung wie ein Hotel oder eine Reha-Klinik handelt: Jede Organisation hinterlässt Spuren in der Natur. Ob diese in der Messgröße CO_2-Verbrauch, Bodenversiegelung, Fuhrpark, Wasser- und Energieverbrauch, Lebensmittelbeschaffung, Abfallmenge etc. gemessen wird, soll hier nicht diskutiert werden. Wesentlich ist, auch als Führungskraft die Frage im Blick zu behalten, wie sich die Auswirkung der Organisation auf Natur und Mitwelt lebensförderlich und nachhaltig für alle gestalten lässt.

Die unterschiedlichen Wirkfelder einer Organisation, die eine Führungskraft mit im Blick behalten sollte, verweisen darauf, dass eine Führungskraft nach innen und nach außen wirkt. Sie ist sowohl Stimme der Organisation und muss gleichzeitig die unterschiedlichen, oft konkurrierenden Ansprüche in Balance halten; sie muss für weiterführende, zukunftsreiche Impulse die Grenzen nach außen offen halten – um zugleich mit Blick auf die Identität des Unternehmens („Wer gehört dazu und wer hat was zu sagen?") die Grenzen auch wahren und teilweise verteidigen.

Wichtig ist in diesem Zusammenhang zu erwähnen, dass Wirksamkeitsfelder von Führung komplett mit der Rolle, nicht der Person zusammenhängen. Sie sind bereits fertig und da, bevor die Führungsperson überhaupt aufgetaucht ist. Wirksamkeitsfelder von

Führung hängen also nicht mit der Person, sondern mit der Position von Führung zusammen. Sie sollten von der die Position bekleidenden Person allerdings berücksichtigt werden, um den erwähnten 360°-Blick aktiv zu halten.

EINSAMKEIT AN DER SPITZE

Eine Führungskraft zu sein bedeutet nicht nur, eine Arbeit zu leisten, die niemand sieht. Es bedeutet zugleich, diese Arbeit von einer Position zu erledigen, die außerhalb des Kreises der Mitarbeiter*innen liegt. Die Rolle der/des Vorgesetzten ist, wie bereits erörtert, eine andere als der Kollegin/des Kollegen – und das wirkt sich auf das Beziehungsverhalten aller aus. Die Notwendigkeit, als Führungskraft eine gewisse Distanz zu wahren, um Komplexitäten überblicken und Entscheidungen unabhängig von Personen treffen zu können, führt – bei aller Menschlichkeit, Ehrlichkeit und Freundlichkeit der Führungskraft – zu distanziertem Verhalten. Führen heißt, Entscheidungen zu treffen.

Führen heißt zugleich auch, Bindungen zu halten. Deshalb ist Nähe zur Belegschaft relevant, um über eine gute Beziehung ein gutes Klima zu bewirken, dass die Angestellten der Organisation im Betrieb bleiben, dort gut arbeiten und ihre Kompetenzen, Fähigkeiten und kreativen Ideen einbringen.

Weiters halten eigene Vorgesetzte selbst Distanz zu ihren unterstellten Führungskräften. Die mit der Position als Führungskraft einhergehende sprichwörtliche Einsamkeit setzt vielen Führungskräften zu.

Wie aber ist die Spannung auszuhalten, Nähe und Distanz zugleich zu leben, dazuzugehören, aber zugleich außerhalb der Gruppe zu stehen?

Folgende Tipps können helfen, die Einsamkeit an der Spitze zu relativieren:

Halten Sie den Weg zu Ihren Kraftquellen frei

Kraftquellen können unterschiedlich sein. Für manche ist es der Spaziergang im Wald, für andere die Meditation in einem stillen Raum, für manche bewusst gehörte Musik, für andere das Garteln und dabei das Graben mit den Händen in der Erde, für die einen ist es das gedankenverlorene Schrauben an einem alten Mofa, für die anderen das schweißtreibende Radeln auf einen Berg, für wieder andere ist es erfüllender Sex oder ein ausgelassener Tanz oder der Besuch eines Gottesdienstes.

Kraftquellen, die Menschen nähren, sind weniger materielle Dinge (z. B. Geld) oder Nahrungsmittel (z. B. Schokolade) oder Hobbys, sondern mehr Dimensionen des Seins, die in die Tiefe führen, die mit dem verbinden, was Halt im Leben gibt, das Energie schenkt und mit Sinn erfüllt – unabhängig von äußeren Gegebenheiten. Wer mit seinen Kraftquellen verbunden ist bzw. sie immer wieder bewusst „anzapft", ruht stärker in sich, spürt sich gehalten und lebt freier von äußerlichen Bestätigungen.

Machen Sie sich eine Liste, was Ihnen guttut – und hängen Sie diese Liste irgendwo auf, wo Sie sie jederzeit sehen können. Besonders dann, wenn es Ihnen nicht gutgeht.

Holen Sie sich aktiv Rückmeldung von Ihren Vorgesetzten

Weniger abhängig zu sein von äußeren Bestätigungen ersetzt nicht, sich auch als Führungskraft immer wieder aktiv Rückmeldungen durch eigene Vorgesetzte zu holen. Es tut gut, ganz bewusst nicht nur Ziele und Verbesserungsvorschläge zu besprechen, sondern sich positive, konstruktive und den Erfolg der eigenen Führungsarbeit beschreibende Rückmeldungen zu holen.

Pflegen Sie Freundschaften

Gerade im Team, in der Gemeinschaft, der Gruppe, für die sie verantwortlich ist und der sie nahesteht, muss eine Führungskraft auf engere Beziehungen verzichten. Die professionelle Distanz steht oft der eigenen Sehnsucht entgegen. Umso wichtiger ist es, außerhalb dieses Führungskontextes Freundschaften zu pflegen, Menschen zu haben, bei denen man die Rolle ablegen und ohne Angst reden kann, denen man sich vorbehaltlos anvertrauen und so sein kann, wie man ist – einfach Mensch.

Diese Menschen nicht nur als „Müllabladeplatz" zu missbrauchen, versteht sich von selbst. Freundschaft will gepflegt werden, Gegenseitigkeit beim Zuhören wie beim Reden, beim Halten wie beim Getragen-Werden sind wesentliche Pfeiler einer ausgeglichenen, dynamischen Freundschaft. Und: Jede gute Freundschaft ist ein Geschenk, für das zu sorgen das zu umsorgen sich lohnt. Denn der Arbeitsvertrag wird – auch bei noch so guten Ergebnissen – irgendwann aufgelöst werden, die Position als Führungskraft hat (spätestens mit der Pensionierung) ein Ablaufdatum. Gute, sorgfältig gepflegte Freundschaften hingegen können bleiben – manche sogar ein Leben lang.

Machen Sie sich auch hier eine Liste, wer für Sie wichtig ist und was Sie mit dieser oder jener Person tun könnten, damit es Ihnen wieder besser geht.

Seien Sie sich selbst die beste Freundin, der beste Freund

„Was ist, gehen wir heute ins Kino?" „Ja, passt gut!" „Und teilen wir uns auch ein Bier?" „Ja, sehr gerne!" – Dieser Dialog hat nicht zwischen zwei Personen, sondern im Kopf eines einzigen Managers stattgefunden. Und nein, er ist nicht schizophren. Im Gegenteil, er ist sehr gut mit sich selbst im Kontakt, behandelt sich wie seinen besten Freund und hat dadurch einen Weg gefunden, die quälende Einsamkeit einer neuen Arbeitsstelle in einem bis dato unbekannten sozialen Umfeld konstruktiv umzuwandeln.

Das zweifellos beste Mittel, um der Einsamkeit als Führungskraft zu entkommen, ist, sich selbst die beste Freundin, der beste Kumpel zu sein. Niemand kennt Sie besser als Sie sich selbst. Und niemand ist so viel und ausschließlich mit Ihnen unterwegs wie Sie selbst. Viele Menschen weichen sich selbst aus – durch Vielbeschäftigung, ständige Ablenkung oder Dauerberieselung von außen. Die Stille, das Nur-mit-sich-selbst-Sein ist für viele eine Qual, denn da können Selbstzweifel, unangenehme Stimmen, unverarbeitete Verletzungen laut und unangenehm werden.

Wer es schafft, sich selbst die beste Freundin zu sein, sich mit seinen Schwächen und Stärken anzunehmen oder wenigstens zu tolerieren, hat einen gewaltigen Vorteil. Vielleicht ist es dafür hilfreich, die eine oder andere Verletzung mit einer Therapie zu verarbeiten. Zweifellos ist es förderlich, sich über das Beispiel liebender Menschen oder eines liebevollen Gottesbildes in der Selbst-Annahme und (bedingungslosen) Selbst-Liebe zu üben.

Bewahren Sie Ihren Humor!

Von Papst Johannes XXIII. wird berichtet, dass er um 1961, bevor er das Konzil, eine historisch umwälzende Kirchenversammlung, ausgerufen hat, schlecht geschlafen hat. Viele Fragen und Sorgen haben ihn gequält. Bis ihm im Schlaf ein Engel erschienen ist, der zu ihm gesagt haben soll: „Johannes, nimm dich nicht so wichtig!" Die Anekdote, die mit dem für diesen Kirchenführer so charakteristischen Augenzwinkern erzählt wird, hat eine unheimlich entlastende Botschaft für Führungskräfte: Wer sich mit Humor von der eigenen Position distanzieren kann und die Wichtigkeit der eigenen Handlungen und Entscheidungen relativiert und in einen größeren Zusammenhang stellt, kann um vieles entspannter und entlasteter den Fragen und

Sorgen des Alltags begegnen. Deshalb tut gut, wer – bei aller Ernsthaftigkeit und Verantwortung in der Position – das eigene Tun realistisch sieht und sich selbst dabei nicht allzu wichtig nimmt.

Folgende Fragen können helfen, um die Einsamkeit an der Spitze zu reflektieren:

- ○ *Wann zeigt sich, dass ich als Vorgesetzte*r einsamer bin als meine Mitarbeiter*innen? Welche Gefühle verbinde ich damit?*
- ○ *Wie gut gelingt es mir, mir selbst mit Humor zu begegnen? Was hilft mir dabei?*
- ○ *Bin ich mir selbst die beste Freundin, der beste Kumpel? Woran zeigt sich das?*
- ○ *Wer sind meine anderen Lieblingspersonen? Was zeichnet sie aus?*
- ○ *Wie gut kenne ich meine Kraftquellen? Wann gelingt es mir gut, sie ausreichend oft zu nützen?*
- ○ *Was ist mir im Letzten Halt und Stütze – gerade auch dann, wenn andere Stützen wegbrechen?*
- ○ *Was würde ich einer befreundeten Abteilungsleiterin raten, die sich bei mir beschwert, dass niemand sieht, was sie eigentlich den ganzen Tag so tut und leistet?*
- ○ *Woran erkennen meine Mitarbeiter*innen, dass ich mich für sie und ihre Arbeitsbedingungen einsetze?*

Mögliche Merksätze

☞ Führungsarbeit ist wie Hausarbeit – sie wird erst wahrgenommen, wenn sie nicht getan wird.

☞ Wer Freundschaften pflegt – auch mit sich selbst –, ist weniger einsam.

☞ Quellen der Kraft helfen, das innere Feuer leuchten zu lassen.

☞ Behalten Sie sich Ihren Humor!

Zusammenfassung

„Mehr Leben" zu ermöglichen ist die Kurzdefinition von Spiritualität, die auch für Führungskräfte relevant sein kann: Menschen aufzurichten und in Zusammenhängen der Erwerbsarbeit beizutragen, dass Mitarbeiter*innen lebendiger, kompetenter, größer und strahlender werden, je länger sie in der Organisation mitarbeiten.

All das sind große Ziele, an denen sich eine verantwortungsvolle Führungskraft als Grundhaltung orientieren kann. Im Wissen, dass wir alle als Menschen – und auch als Führungskräfte – fehlerhaft, nicht perfekt und dadurch eben sind, was wir sind: zuerst und immer Menschen.

Um im Menschsein zu wachsen, gebe ich Ihnen (frei nach Anselm Grün) zum Abschluss die 3D-Regel mit:

1) Üben Sie sich in *Dankbarkeit* – für das Leben als solches, für die vielen großen und kleinen Geschenke des Lebens, die uns täglich erfreuen können.

2) Lernen Sie *Demut* – um sich auch im Führungsalltag nicht über andere Menschen zu erheben.

3) Bleiben Sie dran an Ihrer *Disziplin* – sie hilft, die Trägheit zu überwinden, und ermöglicht, sich nicht von Launen beherrschen zu lassen.

Führung kann man nicht lernen, wie man ein Rezept, eine Formel oder eine Gebrauchsanweisung lernen kann. Führung ist ein tägliches Wagnis, eine tägliche Herausforderung, für die es Hilfestellungen, Tipps und Tricks und jede Menge Erfahrung gibt. Führung kann verbessert werden, wenn unter Gleichgesinnten und Gleichgestellten oder mit externem Coaching Erfahrungen reflektiert und Handreichungen gesucht werden, wie der herausfordernde Alltag einfach gut gestaltet werden kann.

Einfach gut führen. Das klingt so leicht. Ja, das soll es: Der Alltag von Ihnen als Führungskraft soll leichter werden.

Durch diese kompakte Handreichung hoffe ich, Ihnen Mut gemacht zu haben, Ihre Rolle als Führungskraft mit Ihrer Persönlichkeit zu füllen, Ihre Mitarbeiter*innen ins Zentrum Ihres Tuns zu stellen und ihnen ein Vorbild zu sein, entschieden und reflektiert zu gehen, Entscheidungen zu treffen, aus Fehlern zu lernen und mit sich selbst gut befreundet zu sein. Denn es kann gelingen: einfach gut führen.

LITERATUR

Aigner, Anton (2011): Die Kunst des Leitens. Erfahrungen – Einsichten – Hinweise, Würzburg

Arens, Heribert (2017): Menschen führen mit Franz von Assisi, Kevelaer

Assländer, Friedrich / Grün, Anselm (32010): Spirituell führen mit Benedikt und der Bibel, Münsterschwarzach

Bauer-Jelinek, Christine (112009): Die helle und die dunkle Seite der Macht. Wie Sie ihre Ziele durchsetzen ohne Ihre Werte zu verraten, Salzburg

Dienberg, Thomas (2016): Leiten. Von der Kunst des Dienens, Würzburg

Erpenbeck, Mechtild (32020): Wirksam werden im Kontakt. Die systemische Haltung im Coaching, Heidelberg

Heim, Vera / Lindemann, Gabriele (22015): Auftanken im Alltag. Mit Selbstempathie zu neuer Kraft, Freiburg

Hofer, Stefan / Riedlsperger, Alois (2007): Unterscheidung – Entscheidung –Entschiedenheit, Wien

Janssen, Bodo / Grün, Anselm (2017): Star in stürmischen Zeiten. Die Kunst, sich selbst und andere zu führen, München

Kaluza, Gert (32015): Stressbewältigung. Trainingsmanual zur psychologischen Gesundheitsförderung, Heidelberg

Kiechle, Stefan (72016): Sich entscheiden, Würzburg

Kiechle, Stefan (32010): Macht ausüben, Würzburg

Kruckeberg, Katja / Arnet, Felix Maria (2018): So kommen Frauen in Führung!, Offenbach

Kuster, Niklaus (2009): Franziskus. Rebell und Heiliger, Freiburg-Basel-Wien

Seliger, Ruth (52014): Das Dschungelbuch der Führung. Ein Navigationssystem für Führungskräfte, Heidelberg

Seliger, Ruth (2014): Positive Leadership. Die Revolution in der Führung, Stuttgart

Strauch, Barbara / Reijmer, Annewiek (2016): Soziokratie. Das Ende der Streitgesellschaft, Wien

Waldmüller, Bernhard (2019): Führen – sich und andere. Aufmerksam, frei, entschieden, Würzburg

Waldmüller, Bernhard (2008): Gemeinsam entscheiden, Würzburg

Wimmer, Rudolf / Schumacher, Thomas (2008): Führung und Organisation. In: Wimmer, Rudolf / Meissner, Jens O. / Wolf, Patricia (Hg), Praktische Organisationswissenschaft. Lehrbuch für Studium und Beruf, Heidelberg

Nachhaltige Produktion ist uns ein Anliegen; wir möchten die Belastung unserer Mitwelt so gering wie möglich halten. Über unsere Druckereien garantieren wir ein hohes Maß an Umweltverträglichkeit: Wir lassen ausschließlich auf FSC®-Papieren aus verantwortungsvollen Quellen drucken, verwenden Farben auf Pflanzenölbasis und Klebestoffe ohne Lösungsmittel. Wir produzieren in Österreich und im nahen europäischen Ausland, auf Produktionen in Fernost verzichten wir ganz.

Mitglied der Verlagsgruppe „engagement"

2022
© Verlagsanstalt Tyrolia, Innsbruck
Umschlaggestaltung: Tyrolia-Verlag, Innsbruck
Layout und digitale Gestaltung: Tyrolia-Verlag, Innsbruck
Grafiken: Cover und S. 2 – mangsaab@iStock, S. 13, 81, 151 – hisa nihiya@iStock, alle anderen Tyrolia-Verlag nach Vorlage der Autorin
Druck und Bindung: Florjančič, Maribor
ISBN 978-3-7022-4017-2 (Buch)
ISBN 978-3-7022-4018-9 (E-Book)
E-Mail: buchverlag@tyrolia.at
Internet: www.tyrolia-verlag.at